学术研究专著·材料科学与工程

# 碳/碳复合材料抗氧化 SiC/硅酸盐复合涂层研究

曹丽云　黄剑锋　何丹阳　周　磊

王雅琴　王　博　刘　淼　　　　著

U0381956

西北工业大学出版社

西　安

**【内容简介】** 本书系统地介绍了碳/碳复合材料的基本概念、基本理论以及 SiC/硅酸盐复合涂层的多种制备工艺及抗氧化性能等。全书分为 7 章,首先概述了碳/碳复合材料的特点、发展概况、制备工艺和应用进展。在此基础上,针对碳/碳复合材料的高温易氧化问题,利用包埋法、水热电泳沉积法、溶剂热法等不同工艺制备 SiC/硅酸盐复合涂层来提升碳/碳复合材料的高温耐蚀性能。

本书可作为从事材料科学与工程、碳/碳复合材料、无机非金属材料等相关领域的科研工作者与技术人员的参考书,也可作为高等院校相关领域的本科生教材以及相近专业研究生的参考资料。

## 图书在版编目(CIP)数据

碳/碳复合材料抗氧化 SiC/硅酸盐复合涂层研究/曹丽云等著 . —西安:西北工业大学出版社,2018.12
ISBN 978 - 7 - 5612 - 6354 - 9

Ⅰ.①碳… Ⅱ.①曹… Ⅲ.①碳/碳复合材料-高温抗氧化涂层-研究 ②碳/碳复合材料-有机-硅酸盐涂层-研究 Ⅳ.①TB333.2

中国版本图书馆 CIP 数据核字(2018)第 275808 号

C/C FUHE CAILIAO KANGYANGHUA SiC/GUISUANYAN FUHE TUCENG YANJIU
**碳 / 碳 复 合 材 料 抗 氧 化 SiC / 硅 酸 盐 复 合 涂 层 研 究**

| | |
|---|---|
| **责任编辑**:何格夫 朱晓娟 | **策划编辑**:雷 军 |
| **责任校对**:胡莉巾 | **装帧设计**:李 飞 |

**出版发行**:西北工业大学出版社
**通信地址**:西安市友谊西路 127 号 　邮编:710072
**电　　话**:(029)88491757,88493844
**网　　址**:www.nwpup.com
**印　刷　者**:兴平市博闻印务有限公司
**开　　本**:787 mm×1 092 mm 　　　1/16
**印　　张**:10
**字　　数**:250 千字
**版　　次**:2018 年 12 月第 1 版 　2018 年 12 月第 1 次印刷
**定　　价**:48.00 元

如有印装问题请与出版社联系调换

# 前　言

　　碳/碳(C/C)复合材料是目前最有发展前途的复合材料之一,具有许多优异的性能,如密度低、质量轻、摩擦因数小、热膨胀系数低和良好的抗热冲击性等,在高技术领域占有重要的地位。然而,C/C复合材料在超过450℃的有氧环境下会被氧化,从而限制了其在氧化气氛下的广泛应用。本书介绍了多种复合涂层技术,以提高C/C复合材料的高温抗氧化性能。

　　本书以陕西科技大学黄剑锋教授团队近几年在C/C复合材料抗氧化SiC/硅酸盐涂层方面的研究成果为核心内容,比较系统地阐述了相关研究结果。针对C/C复合材料低温易被氧化的特点,在C/C材料表面制备高温抗氧化涂层,为C/C复合材料提供高温长寿命防氧化保护,使其在高温静态空气及燃气气氛中具备有效的抗氧化和抗冲刷能力。

　　近几年的研究发现,在C/C复合材料表面制备出的SiC涂层可以大大提高材料的抗氧化能力,但由于在高温氧化过程中会有CO和$CO_2$气体逸出,在SiC-C/涂层表面形成了无法自愈合的孔洞从而导致涂层失效。为进一步提高其抗氧化性能,在此基础上引入了具有良好物理化学相容性的硅酸钇以及莫来石晶须来增韧硅酸盐材料,制备了C/C复合材料抗氧化SiC/硅酸盐复合涂层。

　　本书主要内容由曹丽云教授负责撰写,其他作者参与了部分内容的编写并做了大量图表和文字整理编辑工作。本书涉及高温抗氧化涂层制备、表征和性能分析,包括C/C复合材料的简介、C/C复合材料抗氧化碳化硅涂层的制备、硅酸钇涂层的制备以及$\beta$-$Y_2Si_2O_7$晶须增韧陶瓷涂层的制备等。

　　本书曾参阅了相关文献资料,在此对其作者表示诚挚的谢意。

　　C/C复合材料抗氧化研究涉及内容广泛,其发展也是日新月异,本书只总结了黄剑锋教授团队近几年在这方面的研究成果及其相关内容。

　　由于水平有限,书中难免有疏漏或不妥之处,恳请读者指教。

**著　者**

于陕西科技大学

2018年5月

# 目　　录

**第 1 章　绪论** ································································· 1

  1.1　C/C 复合材料的简介及发展 ································· 1

  1.2　C/C 复合材料的制备及性能 ································· 2

  1.3　C/C 复合材料的防氧化技术 ································· 4

  1.4　C/C 复合材料的应用 ·········································· 8

  参考文献 ································································· 11

**第 2 章　包埋法制备 C/C 复合材料抗氧化碳化硅内涂层的研究** ··· 15

  2.1　碳化硅材料的概述 ············································· 15

  2.2　碳化硅内涂层的制备工艺 ···································· 16

  2.3　碳化硅内涂层的表征及性能测试 ························· 17

  2.4　碳化硅内涂层晶相与显微结构 ···························· 18

  2.5　碳化硅内涂层抗氧化性能 ···································· 20

  2.6　碳化硅内涂层的动力学分析 ································· 20

  2.7　碳化硅内涂层的失效机理分析 ···························· 22

  2.8　本章小结 ························································· 23

  参考文献 ································································· 24

**第 3 章　水热电泳沉积法制备纳米碳化硅外涂层的研究** ··········· 25

  3.1　水热电泳沉积技术原理 ······································ 26

  3.2　纳米碳化硅外涂层的制备工艺 ···························· 27

  3.3　纳米碳化硅外涂层的表征方法 ···························· 32

  3.4　$SiC_n/SiC$ 涂层高温抗氧化性能及失效机理的研究 ··· 33

  3.5　$SiC_n/SiC$ 涂层试样高温氧化动力学的研究 ·········· 37

  3.6　本章小结 ························································· 39

  参考文献 ································································· 40

**第 4 章　溶剂热法制备硅酸钇微晶的研究** ···················· 41

4.1　溶剂热法简介 ···································· 41

4.2　硅酸钇的性质及结构特点 ························ 45

4.3　溶剂热法合成硅酸钇微晶的理论依据 ·············· 52

4.4　最佳工艺下硅酸钇微晶的制备 ···················· 54

4.5　不同表面活性剂对硅酸钇微晶相组成及显微形貌影响的研究 ··· 63

4.6　不同溶剂对硅酸钇微晶相组成及显微形貌影响的研究 ··· 68

4.7　不同络合剂对硅酸钇微晶相组成及显微形貌影响的研究 ··· 71

4.8　本章小结 ······································ 80

参考文献 ············································ 80

**第 5 章　水热电泳沉积法制备硅酸钇外涂层的研究** ·········· 85

5.1　硅酸钇外涂层的制备 ···························· 85

5.2　硅酸钇外涂层的表征方法 ························ 87

5.3　工艺因素对硅酸钇涂层的显微结构及性能影响的研究 ··· 88

5.4　不同晶相组成对硅酸钇涂层的显微结构及性能影响的研究 ··· 96

5.5　本章小结 ······································ 105

参考文献 ············································ 106

**第 6 章　$\beta$ - $Y_2Si_2O_7$ 晶须增韧陶瓷涂层的研究** ············ 108

6.1　$\beta$ - $Y_2Si_2O_7$ 晶须的制备工艺 ···················· 109

6.2　$\beta$ - $Y_2Si_2O_7$ 晶须增韧 $Y_2Si_2O_5$ 层的制备及抗氧化性能研究 ··· 119

6.3　本章小结 ······································ 132

参考文献 ············································ 132

**第 7 章　莫来石晶须增韧硅酸盐玻璃涂层的制备及性能研究** ········ 135

7.1　莫来石晶须增韧硅酸盐玻璃涂层的制备及表征 ······ 135

7.2　熔盐法制备莫来石晶须的研究 ···················· 139

7.3　熔盐法结合热浸渍法制备莫来石晶须增韧硅酸盐玻璃
　　涂层的研究 ···································· 141

7.4　本章小结 ······································ 151

参考文献 ············································ 152

# 第1章
# 绪　　论

## 1.1　C/C复合材料简介及其发展

### 1.1.1　C/C复合材料简介

　　碳/碳(C/C)复合材料是由碳纤维或石墨纤维等各种碳织物增强碳或石墨化的树脂碳(或沥青)所形成的复合材料。它是一种具有特殊性能的新型工程材料,也被称为碳纤维增强碳基复合材料。它99%以上由碳元素组成,因此,在惰性气体中能够承受极高的温度和极大的加热速率。同时,通过对碳纤维编制工艺的控制,可以得到力学性能优异的C/C复合材料,并且这些性能在高温下保持不变,C/C复合材料被认为是超热环境下的高性能热结构材料。C/C复合材料还具有抗热应力、抗热冲击、抗裂纹传播、重量轻、抗辐射和非脆性破坏等特点,因此它已广泛应用于航天航空、国防工业以及许多民用工业领域。

　　然而,C/C材料有一个致命的弱点,即在高温氧化性气氛下极易被氧化,氧化后C/C材料的力学性能显著降低,这大大地限制了它的应用范围,因此,防氧化成为C/C复合材料应用的关键。"十一五"期间,C/C复合材料作为关键技术和重点国防预研项目已被确定为重点研究的对象,但是还需要着重解决基础研究和应用方面的一些关键性问题,为下一步实现工程应用打好良好的基础,因此,对C/C复合材料的防氧化问题还需进一步深入和广泛的研究。

### 1.1.2　C/C复合材料的发展

　　C/C复合材料是高技术新材料,它是由碳纤维和碳基体组成的多相碳素体。它的问世出自于一次偶然性实验。作为复合材料家族中的新增成员,C/C复合材料自问世以来的发展研究就备受关注;特别是近20年来,C/C复合材料在增强体、基体、纤维表面处理、抗氧化涂层等方面均得到迅速发展。纵观历史,C/C复合材料的研究发展可以大致归纳为制备工艺基础研究、烧蚀C/C应用开发、热结构 C/C 开发应用和 C/C 新工艺研究应用几个阶段。

20 世纪 60 年代中期到 70 年代末期,由于各国的军备竞赛,特别是美国、苏联在冷战后大规模加强高端军备和发展高科技,尤其是在火箭、飞船、卫星和导弹技术等尖端领域,这些对材料的性能提出了更加苛刻的要求。此时,C/C 复合材料由于其优异的性能满足了这些领域对材料的要求,得到各国对其深入的研发。

由于 20 世纪 70 年代 C/C 复合材料研究开发工作的迅速发展,推动了 80 年代中期 C/C 复合材料在结构设计、制备工艺和力学性能、抗氧化性能和热性能等方面理论及方法的深入研究,进一步促进了 C/C 复合材料在航空、国防及民用领域的应用。

进入 21 世纪之后,C/C 复合材料进入一个应用不断扩大和性能不断提升的研究阶段。随着各国空间技术的不断发展,在国际市场上涌现了一大批 C/C 复合材料的生产企业,如美国的 Hitco、法国的 Messier-Bugatti 公司、德国 SGL Carbon 公司和英国 Dunlop 公司等。

# 1.2 C/C 复合材料的制备及性能

## 1.2.1 C/C 复合材料的制备

C/C 复合材料的制备主要分为两个步骤:首先是制备碳纤维预制件,其次是将预制件致密化。

预制件是指按照产品的形状尺寸和性能的要求,先将碳纤维制成所需结构形状的坯体,然后,再进行致密化处理。可以用作 C/C 复合材料预制件的材料有碳纤维织物或毡、长纤维、短切纤维。预制件的编织方法主要分为一维、二维、三维及多维编织。其成型技术也可分为好几种,分别为机织、编织、针织和非织造结构。

预制件的致密化方法主要有液相浸渍热解法和化学气相渗积法(CVI)。液相浸渍热解法又分为树脂浸渍热解法和沥青浸渍热解法,它原本是制造石墨材料的传统工艺,目前已成为制备 C/C 复合材料的主要工艺。这种方法主要是在惰性气体中使预制件在压力作用下浸渍有机原料,然后使浸入预制件的有机原料热解碳化,形成碳基体。

化学气相渗积法(CVI)是化学气相沉积法(CVD)的一种特殊形式。CVI 相比于 CVD,CVI 的优势在于可以将气相反应物分解的碳沉积在预制件内更为细小的孔隙中,可极大地减少孔隙的大小和熟料,使制备的 C/C 复合材料更为致密,材料的力学性能也更好。

### 1.2.2 C/C复合材料的性能

**1. C/C复合材料的热物理性能**

C/C复合材料的各项热物理性能参数见表1-1。

碳纤维的密度在 1.60～1.75g/cm³ 之间,石墨纤维在 1.75～1.95g/cm³ 之间,因此,由这两者所制得的C/C复合材料的密度在 1.45～2.05 g/cm³ 之间波动,这比其他类似的非金属耐蚀材料、碳纤维增强石英复合材料等的密度都要小。材料在高温下的尺寸稳定性取决于它的热膨胀性能和热膨胀系数(CET),C/C复合材料的热膨胀系数低,因此它具有很好的高温稳定性。C/C复合材料具有良好的导热性能,而且其导热系数随着石墨化程度的提高而增加。C/C复合材料的比热容与碳和石墨的比热容相近,它的比热容随着测试温度和热处理温度的升高而增大。

**表1-1 C/C复合材料的热物理性能数据**

| 参 数 | 数 值 |
|---|---|
| 密度/$(g \cdot cm^{-3})$ | 1.45～2.05 |
| 热膨胀系数/$K^{-1}$ | $0.5 \times 10^{-6}$～$1.5 \times 10^{-6}$ |
| 导热系数/$[W \cdot (m \cdot K)^{-1}]$ | 2～50 |
| 比热容/$[J \cdot (kg \cdot K)^{-1}]$ | 800～2 000 |

**2. C/C复合材料的力学性能**

由于碳纤维的作用,C/C复合材料的拉伸强度和弹性模量远远高于一般的碳素材料,其力学性能主要决定于碳纤维的种类、取向和制备工艺等因素。C/C复合材料的强度在增强纤维轴向的方向上拉伸强度和模量最高,在其他方向上的拉伸强度和模量低。表1-2为单向、正交增强C/C复合材料的性能。

**表1-2 单向、正交增强C/C复合材料的力学性能**

| 增强方式 | 纤维体积含量/(%) | 密度/$(g \cdot cm^{-3})$ | 拉伸强度/MPa | 弯曲强度/MPa | 弯曲模量/GPa |
|---|---|---|---|---|---|
| 单向 | 65 | 1.7 | 690 | 827 | 186 |
| 正交 | 55 | 1.6 | | 276 | 76 |

### 3. C/C复合材料的其他性能

(1)抗烧蚀性能。

C/C复合材料在应用时主要暴露于高温和快速加热的环境中,由于化学氧化反应和升华等,其表面将部分被烧蚀。但是,通过这种烧蚀,可以带走C/C复合材料材料表层的大部分热量,同时可阻止热流传入材料内部。这样,可以保持内部构件的安全。这种烧蚀均匀而对称,能够良好地保持构件的外形,对力学性能影响很小,吸收的热量高,向周围辐射的热流大,使C/C复合材料具有良好的抗烧蚀性能。

(2)抗热震性能。

碳纤维在碳基体内部错综复杂地排布,它有很强的增强作用并且在材料结构中的形成了孔隙网络,使得C/C复合材料对于热应力并不敏感,不会像一般石墨和陶瓷材料那样发生突然的灾难性断裂。C/C复合材料的抗热震性是多晶石墨的2~3倍,抗热震断裂强度更高。

(3)抗摩擦磨损性能。

C/C复合材料之所以能够成功替代金属材料用作飞机和高速机车的刹车材料:一是因为它具有优良的高温强度、低密度、高导热系数和大的比热容;另外,就是它具有优良的摩擦性能和抗磨损能力。C/C复合材料在干燥空气中的滑动摩擦因数一般在0.3~0.6之间,而且热解碳的层间模量低,在摩擦过程中能够形成自润滑膜,能够降低摩擦因数并提高自身抗磨损能力。

# 1.3 C/C复合材料的防氧化技术

## 1.3.1 C/C复合材料的改性技术

通过改性技术来提高C/C复合材料的抗氧化性能是有限的,到目前为止,保护温度只停留在1 000℃左右,只能用于C/C复合材料在较低温度下的保护。纤维改性是在纤维表面制备各种涂层,基体改性是改变基体的组成以提高基体的抗氧化能力。

**1. 碳纤维改性**

提高纤维抗氧化性能的手段主要有两种:一是提高纤维的石墨化度,从而提高纤维的抗氧化性能;另一种方法是在纤维表面进行涂层,使纤维的抗氧化性能得到提高,但是该方法却降低了纤维本身的强度,同时影响了纤维的柔韧性,不利于纤维的编织。碳纤维表面的涂层种类及其常用的制备方法见表1-3。S. Labruquere 等采用 CVD 技术在碳纤维上沉积 Si-B-C 膜,氧化过程中在该复合材料的表面和界面处形成一种玻璃态化合物,这种玻璃态化合物起到有效抑制界面氧化的作用。T. M. Keller 等在碳纤维表面多次涂敷有机硅硼基聚合物,很好地改善了 C/C 复合材料的抗氧化性能。Y. Suzuki 等采用臭氧对碳纤维和碳基体进行表面气相处理以加强碳纤维和碳基体的界面结合,大大提高了 C/C 复合材料的抗氧化性能。另外,Jin Z. 等的研究结果表明用臭氧处理碳纤维可以提高碳纤维的石墨化程度,改善纤维的润湿性,从而提高 C/C 复合材料的抗氧化性能。

**表 1-3 碳纤维表面的涂层及其制备方法**

| 涂层技术 | 涂层材料 | 涂层厚度/$\mu m$ |
|---|---|---|
| 化学气相沉积 | TiB, TiC, TiN, SiC, BN, Si, Ta, C | 0.1~1.0 |
| 溅射 | SiC | 0.05~0.5 |
| 等离子喷涂 | Al | 2.5~4.0 |
| 电镀 | Ni,Co,Cu | 0.2~0.6 |
| 溶胶-凝胶法 | $SiO_2$ | 0.07~0.15 |
| 液相金属转换法 | $Nb_2C$, $Ta_2C$, $TiC-Ti_4SN_2C_2$, $ZrC-Zr_4SN_2C_2$ | 0.05~2.0 |

**2. 基体改性技术**

基体改性技术主要是在 C/C 复合材料成型前,向碳基体中散布抗氧化颗粒,这种抗氧化颗粒与基体碳一同沉积于纤维上,形成具有自身抗氧化能力的 C/C 复合材料。目前基体改性技术主要有以下几种方法。

(1)液相浸渍技术。

液相浸渍法是在 C/C 复合材料制备完成之后,将抗氧化剂前驱体引入

C/C 复合材料。T. Sogabe 等在 C/C 复合材料中浸入熔融 $B_2O_3$,在 800℃的静态氧化气氛下可以有效保护材料 24 h。W. M. Lu 等通过将臭氧处理的多晶石墨浸渍于磷酸和氢氧化铝配成的溶液中,然后进行热处理,在材料内的孔隙和表面上形成了耐烧蚀的 $\alpha - Al(PO_3)_3$ 层,从而提高材料在 1 250℃下的短期抗氧化能力。易茂中等用磷酸、正硅酸乙酯和硼酸对 C/C 复合材料进行浸涂处理,使其使用温度提高了近 200℃。

(2)固相复合技术。

固相复合技术是指将抗氧化剂以固相颗粒的形式加入 C/C 复合材料。闫桂沈等在碳材料内部生成多元金属碳化物,大大地提高了 C/C 复合材料的抗氧化性。McKee 等在合成 C/C 复合材料时加入了大量 $ZrB_2$、B、$BC_4$ 等抗氧化剂,使复合材料在 800℃以下温度段应用。刘其城等在碳基体中渗入了 $B_4C$ 和 SiC 两种抗氧化剂,生成的 C/C 复合材料在 1 100℃氧化 10h 后,失重率小于 1%。

(3)化学气相渗透技术。

化学气相渗透技术是利用 CVI 技术同时在预制体中共渗基体碳和抗氧化物质,达到提高材料抗氧化性的目的。目前的研究较多的是共渗 C 和 SiC,生成双基元复合材料。刘文川等采用两步化学气相渗透法制备 C - SiC 双元复合材料,使材料的氧化门槛提高到了 600℃。

(4)改性新技术。

黄剑锋等发明的溶剂热法、微波水热法以及超声水热法是近年来对 C/C 复合材料进行改性的新方法,其原理大致为,使液相中的氧化抑制粒子在一定温度和压力下,通过扩散、溶解和反应等物理化学作用填充基体的氧化活性点儿,从而使复合材料在低温下的抗氧化性能大幅度提高。

### 1.3.2 C/C 复合材料表面防氧化涂层技术

**1. 防氧化涂层的特性**

研究表明,C/C 复合材料的高温长寿命防氧化必须依赖于表面涂层技术。特别是多层复合涂层技术,在设计抗氧化涂层时必须考虑的影响涂层效果的因素如图 1-1 所示,可见,涂层材料必须具有以下几项特点:熔点要高,氧气渗透率要低,稳定耐腐蚀,并且涂层材料与碳基体要有机械和化学相容性和热膨胀系数的匹配,且不发生化学反应和相变。

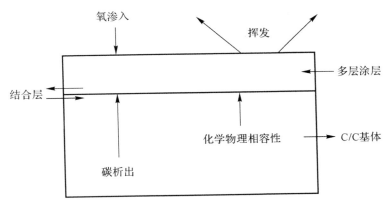

图 1-1 影响抗氧化涂层效果的因素

**2. 防氧化涂层体系**

(1)单层涂层体系。

单层涂层分为单相涂层和复相多组元涂层,其中复相多组元涂层显示出更优异的性能。许多金属(如 Ir、Hf、Cr 等)有很高的熔点和很低的氧气扩散系数,因此具有较好的高温氧化防护能力。复相涂层通常是利用可以生成硅氧化合物的硅化物(如 $WSi_2$、$MoSi_2$ 和 $HfSi_2$ 等)与以上金属材料以及热膨胀系数较小的陶瓷材料混合制备涂层材料。例如,Chen Zhao-ke 等采用等温化学气相渗透的方法在 C/C 复合材料表面制备了 C-SiC-TaC 涂层,黄剑锋等利用包埋法制备了 SiC-$Al_2O_3$-mullite 复相涂层,付前刚等制备了 SiC 晶须增韧 SiC-$CrSi_2$ 涂层,Zhang Ying 等还制备了金属钨的涂层,W. L. Worrel 等制备出了 Ir-Al-Si 合金涂层和 Ir-Al 涂层。

(2)双层涂层体系。

双层涂层的内层一般选用硅基非氧化物作为阻挡层,目前大多采用 SiC 作为双层涂层的内涂层,而外层则选用高温玻璃、高温合金和耐火的氧化物材料。例如,黄敏等采用包埋法和料浆涂刷法开发了 Cr-Al-Si/SiC 复合涂层,曾燮榕等利用包埋法和浸渍法制备 $MoSi_2$-SiC/玻璃复合涂层系统,Li Jun 等采用浆料涂敷法制备了 SiC/alumina-borosilicate 双层涂层,并研究了其氧化动力学,Hou Dangshe 等采用包埋法制备了 SiC/Si-W-Mo 涂层,张雨雷等在 C/SiC 梯度内涂层上制备了 Si-Mo 外涂层,Zheng Guo-Bin 等制备了 CNT-PyC-SiC/SiC 双层氧化保护涂层,O. Yamamoto 等制作了 SiC/

锆英石涂层，来忠红等开发了更为复杂的 $Si_3N_4 - MoSi_2/Si - SiC(Mo - Si - N$ 系)双涂层体系。为了提高涂层间的结合力和涂层的韧性，付前刚等还发明了一种 SiC 晶须增韧陶瓷的复合双层涂层，制备出了 $SiC_f - SiC/MoSi_2 - SiC - Si$ 复合涂层，提高了涂层高温抗氧化和抗冲刷能力。

（3）多层涂层体系。

多层涂层体系是在双层复合涂层研究的基础上发展而来的，最外层一般为玻璃层。Zhu Yaocan 等利用渗硅技术制得了 $(SiC/Si_3N_4)/C$ 功能梯度涂层，Masayuki Kondo 等设计出了 $Y_2SiO_5/YSi_3/SiC$ 抗氧化涂层体系，郭海明等制备出了 $ZrO_3 - MoSi_2/SiC/TiC$ 涂层体系，Li Jun 等发明了 $SiC - B_4C/SiC/SiO_2$ 三层梯度自愈合涂层体系，成来飞等发明了 $Si - W/SiC/SiC$ 涂层体系，Federico Smeacetto 等制备了双层结构硼酸盐玻璃/SiC 涂层。特别是黄剑锋等利用原位形成法制备的 SiC/硅酸钇/玻璃多层复合涂层，能在 1 600 ℃ 下对 C/C 复合材料有效保护长达 202 h，涂层试样的氧化失重率小于 0.7%，预计该涂层可对碳基体进行长达 1 000 h 以上的保护。

**3. 防氧化涂层制备技术**

目前，C/C 复合材料抗氧化涂层的制备方法有很多种，例如，溶胶-凝胶法、超临界流体技术、包埋法、液相反应法、凝胶注模反应烧结法、气相沉积法、涂刷法溅射法和水热法等，还有一些新的涂层制备方法，如李贺军、黄剑锋等发明的原位成型法，黄剑锋、邓飞等发明的水热电泳沉积法等。

# 1.4  C/C 复合材料的应用

C/C 复合材料虽然具有突出的性能，但是起初制备工艺复杂、成本高昂，因此，该材料起初只用于在航空航天和军事领域，但是随着工艺技术的发展和制备成本的降低，C/C 复合材料逐渐在民用领域应用。同时，碳与人体骨骼、血液和软组织具有极好的生物相容性，C/C 复合材料亦可用作生物材料。

## 1.4.1  作为高速制动材料

C/C 复合材料最大的应用市场是飞机的制动器。表 1 - 4 为 C/C 复合材料制动器与钢制的制动器性能的对比表。可见，C/C 复合材料作为制动材料具有比钢制材料重量轻、寿命长、性能好等突出特点，因此，用 C/C 复合材料代替钢材料已经是制动领域的大势所趋，且除了飞机，一些高端汽车的制动器也在开始使用碳材料。

表 1-4 C/C 制动器与钢制动器性能比较表

| 性 能 | C/C 制动器 | 钢制动器 |
|---|---|---|
| 材料密度/(g·cm$^{-3}$) | 1.8 | 7.8 |
| 抗拉强度/MPa | 室温 70～240 | 室温 600 |
| | 1 000℃ 14 | 1 000℃ 80～380 |
| 导热系数/[W·(m·K)$^{-1}$] | 63/200 | 79 |
| 比热容/[J·(kg·K)$^{-1}$] | 室温 0.752 | 室温 0.502 |
| | 1 000℃ 0.502 | 1 000℃ 1.045 |
| 线膨胀系数/(×10$^{-6}$K$^{-1}$) | 2 | 8 |
| 每次飞行磨损/mm | 0.001 5 | 0.050 |
| 使用温度/℃ | 3 000 | 900 |

### 1.4.2 作为航空发动机高温结构部件

随着推重比(推重比是发动机推力与发动机重量(力)或飞机重量(力)之比,它表示发动机或飞机单位重量(力)所产生的推力)增加,涡轮前进口温度不断提高,当航空发动机的推重比高达 15～20 时,其热端工作温度高达 2 000℃,这要求材料的比强度比常温高出 5 倍。在这样苛刻的条件下,除 C/C复合材料外,其他材料恐怕无能为力了。据报道,Hitco 公司已制成鱼鳞片;LIV 公司制造出了涡轮叶片金额涡轮盘整体部件;另外,C/C 复合材料还可用于挡火板、排气系、燃烧叶片等结构部件。

### 1.4.3 作为固体火箭发动机抗烧蚀材料

固体火箭喷管理论上要承受高达 3 500℃ 的燃气温度,且液、固体粒子冲刷喷管,高温燃气还会有化学腐蚀作用,因而工作环境极其严酷。C/C 喉衬材料自 1963 年被研制出来,已经经历了三代,目前正在进行第四代 C/C 喉衬材料的研究,其主要性能指标参见表 1-5。目前,国内航天烧蚀 C/C 复合材料主要由航天 43 所、航天 703 所、西北工业大学和中南大学研制。

表 1-5    C/C 喉衬材料的力学热学性能

| 公 司 | AVCD | GE | SEP | SEP | SEP | KOMII03HT |
|---|---|---|---|---|---|---|
| 类 型 | 3DC/C MX 一级 | 4DC/C | 2DC/C | 4DC/C | 3D Novoltex C/C | 4DC/C |
| 密度 /(g·cm$^{-3}$) | 1.87～1.92 | 1.92 | 1.35～1.60 | 1.85～1.95 | 1.75～180 | 1.81 |
| 拉伸强度 /MPa | 50.7～76.8 | 220.9 | 35～70 | 115 | 50 | ⊥43.4 |
| 拉伸模量 /GPa | | 79.9 | 12.5～16 | | | |
| 断裂应变 /(%) | 0.06～0.07 | 0.35 | //30～90 ⊥60～130 | | | |
| 压缩强度 /MPa | 89.3～107 | | 7～12 | //70～120 ⊥200 | | //50.4 ⊥64.3 |
| 剪切强度 /MPa | 8.12 | 13.1 | //30～90 ⊥60～130 | 20～40 | 30 | 18.3 |
| 导热系数 /[W·(m·K)$^{-1}$] | 82.76 | | //1～20 ⊥10～70 | //50～150 ⊥50～150 | | //87.7 88.4 |
| 热膨胀系数 /(×10$^{-6}$K$^{-1}$) | 0.157 | | //1.5～2.5 ⊥3～5 | //1.0～2.0 ⊥1.0～2.0 | | 0.1 |

注:"//"表示平行于 $xOy$ 面;"⊥"表示垂直于 $xOy$ 面。

### 1.4.4   作为返回式航天飞行器热结构材料

返回式航天飞行器是现在空天研究的热点,当航天飞机重返大气层时,机头处温度最高,达 1 463℃,机翼前缘温度也高达 1 000℃以上,C/C 复合材料可以用在这些结构处的高温耐烧蚀材料和高温结构材料。例如,美国的航天飞机、国家空天飞机(NASP),日本 HOPE 航天飞机,法国 HERMES 航天飞机等的机翼边缘和机头锥均采用 C/C 复合材料。目前,我国也开展了一些探索性的研究,并且西北工业大学已于 2003 成功制备了航天飞行器用的 C/C 复合材料头锥和机翼前缘。

### 1.4.5 在民用领用方面的应用

C/C复合材料在制备汽车方面的应用甚广,比如,发动机系统中的推杆、连杆、油盘等;传动系统中的传动轴、变加速器等;底盘系统的底盘、弹簧片、散热器等。除此之外,其还可以用于车顶内外衬、地板和侧门等。另外,在化工领域中,C/C复合材料主要用于耐腐蚀化工管道和容器衬里、轴承和高温密封件等。C/C复合材料具有良好的导电能力,可采用它来制备吸尘装置的电极板、电子管的栅极等。C/C复合材料机械强度高、电阻大,能提供很高的功率,可以代替石墨制成高温电阻加热原件。它还可以取代石棉应用于玻璃领域。此外,C/C复合材料还可以代替钢和石墨来制造热压模具和超塑性加工模具。

### 1.4.6 在生物医学领域的应用

C/C复合材料是由碳材料组成的材料,不仅继承了碳的这种生物相容性,而且由于碳纤维的增强作用,材料的强度和韧性有了显著的提高。同时,它在生物体内具有很好的稳定性,被认为是一种具有很大潜力的新型生物医用材料。由C/C复合材料制备的骨盘、骨夹板、骨针及人工齿根等方面也已取得了很好的临床应用效果。另外,由它制备的人工心脏瓣膜、中耳修复材料也有研究报道。

# 参 考 文 献

[1] 李贺军.碳/碳复合材料[J].新型炭材料,2001,16(2):79-80.
[2] 黄剑锋,李贺军,熊信柏,等.碳/碳复合材料高温抗氧化涂层的研究进展[J].新型炭材料,2005,20(4):373-379.
[3] 马伯信.碳/碳复合材料工艺基础[J].航天四院研究生教材,2002,13(4):15-17.
[4] 左劲旅,张红波,熊翔,等.喉衬用碳/碳复合材料研究进展[J].炭素,2003(2):7-10.
[5] 张玉龙.先进复合材料制造技术手册[M].北京:机械工业出版社,2003.
[6] 车剑飞,黄洁雯,杨娟.复合材料及其工程应用[M].北京:机械工业出版社,2006.
[7] 沈学涛,李克智,李贺军,等.烧蚀产物 $ZrO_2$ 对 ZrC 改性 C/C 复合材料烧

蚀的影响[J].无机材料学报,2009,24(5):943-947.

[8] LABRUQUERE S,BLANCHARD H,PAILLER R,et al. Enhancement of the Oxidation Resistance of Interfacial Area in C/C Composites. Part I:Oxidation Resistance of B-C, Si-B-C and Si-C coated carbon fibres[J]. Journal of the European Ceramic Society,2002(22):1001-1009.

[9] KELLER T M. Oxidative Protection of Carbon Fibers With Poly(carborane-siloxane-acetylene)[J]. Carbon,2002,40(3):225-229.

[10] JIN Z,ZHANG Z Q,MENG L H,et al. Effects of Zone Method Treating Carbon Fibers on Mechanical Properties of Carbon/Carbon Composites[J]. Materials Chemistry and Physics,2006,97(1):167-172.

[11] 闫桂沈,王俊,苏君明.难熔金属碳化物改性基体碳/碳复合材料抗氧化性能的影响[J].炭素,2002(2):3-6.

[12] LU W M,CHUNG D L. Oxidation Protection of Carbon Materials by Acid Phosphate Impregnation[J]. Carbon,2002,40(8):1249-1254.

[13] 易茂中,葛毅成.预浸涂对航空刹车副用C/C复合材料抗氧化性能的研究及性能分析[J].炭素技术,2000(1):15-17.

[14] 闫桂沈,王俊,苏君明,等.难熔金属碳化物改性基体对碳/碳复合材料抗氧化性能的影响[J].炭素,2003(2):3-9.

[15] 刘其城,周声劢,徐协文,等.无黏合剂碳/陶复合材料的抗氧化机理[J].化工学报,2002,53(11):1188-1192.

[16] 周星明,汤素芳,邓景屹,等.碳-高硅氧纤维增强C-SiC防热隔热一体化材料[J].材料研究学报,2006(2):148-155.

[17] 黄剑锋,王妮娜,曹丽云,等.一种碳/碳复合材料溶剂热改性方法:CN200710018031[P].2007-12-05.

[18] 黄剑锋,李贺军,曹丽云,等.一种微波水热电沉积制备涂层或薄膜的方法及装置:CN200510096086[P].2006-04-26.

[19] 黄剑锋,李贺军,曹丽云,等.一种超声水热电沉积制备涂层或薄膜的方法及其装置:CN200510096087[P].2006-05-03.

[20] 李贺军,薛晖,付前刚,等.C/C复合材料高温抗氧化涂层的研究现状与展望[J].无机材料学报,2010,25(4):337-343.

[21] 黄剑锋,李贺军,熊信柏,等.碳/碳复合材料高温抗氧化涂层的研究进展

〔J〕.新型炭材料,2005,20(4):373-379.

[22] CHEN Z K,XIONG X,LI G D,et al. Ablation behaviors of carbon/carbon composites with C - SiC - TaC multi - interlayers〔J〕. 2009 (255):9217-9233.

[23] HUANG J F,ZENG X R,LI H J,et al. Oxidation behavior of SiC - Al$_2$ O$_3$ - mullite multi - coating coated carbon/carbon composites at high temperature〔J〕. Carbon,2005(43):1557-1583.

[24] FU Q G,LI H J,SHI X H,et al. A SiC whisker - toughened SiC - CrSi$_2$ oxidation protective coating for carbon/carbon composites〔J〕. Applied Surface Science,2007(253):3757-3760.

[25] ZHANG Y,CHEN Z F,WANG L B,et al. Phase and microstructure of tungsten coating on C/C composite prepared by double - glow plasma 〔J〕. Fusion Engineering and Design,2009(84):15-18.

[26] HUANG M,LI K J,LI H J,et al. A Cr - Al - Si resistant coating for carbon/carbon composites by slurry dipping〔J〕. Carbon, 2007 (45): 1124-1126.

[27] HOW D S,LI K Z,LI H J,et al. SiC/Si - W - Mo coating for protection of C/C composites at 1873 K〔J〕. Journal of University of Science and Technology Beijing,2008(15):822-827.

[28] ZHANG Y L,LI He - Jun,et al. A Si - Mo oxidation protective coating for C/SiC coated carbon/carbon composites〔J〕. Carbon, 2007 (45): 1130-1133.

[29] ZHENG G B,MIZUKI H,SANO H,et al. CNT - PyC - SiC/SiC double - layer oxidation - protection coating on C/C composite〔J〕. Carbon,2008,46(13):1808-1811.

[30] 来忠红,朱景川,全在昊,等.C/C复合材料 Mo - Si - N 抗氧化涂层的制备〔J〕.稀有金属材料与工程,2005,34(11):1794-1797.

[31] FU Q G,LI H J,LI K Z,et al. SiC whisker - toughened MoSi$_2$ - SiC - Si coating to protect carbon/carbon composites against oxidation〔J〕. Carbon,2006(44):1845-1869.

[32] LI H J,FU Q G,SHI X H,et al. SiC whisker - toughened SiC oxidation protective coating for carbon/carbon composites〔J〕. Carbon, 2006(44):602-605.

［33］ LI J,LUO R Y,CHEN L,et al. Oxidation resistance of a gradient self -
healing coating for carbon/carbon composites［J］. Carbon,2007(45):
2471 - 2478.

［34］ FEDERICO S,MONICA F,MILENA S. Multilayer coating with self -
sealing properties for carbon - carbon composites［J］. Carbon,2003,41
(11):2105 - 2111.

［35］ HUANG J F,ZENG X R,LI H J,et al. $ZrO_2$ - $SiO_2$ gradient multilayer
oxidation protective coating for SiC coated carbon/carbon composites
［J］. Surface & Coatings Technology ,2005,190:255 - 259.

［36］ HUANG J F,LI H J,Z X R,et al. Preparation and oxidation kinetics
mechanism of three - layer multi - layer - coatings - coated carbon/
carbon composites［J］. Surface & Coatings Technology,2006(200):
5379 - 5385.

［37］ HUANG J F,LI H J,ZENG X R,et al. Preparation and oxidation
kinetics mechanism of three - layer multi - layer - coatings - coated
carbon/carbon composites［J］. Surface & Coatings Technology,2006
(200):5379 - 5385.

［38］ 邓飞.碳/碳复合材料抗氧化涂层水热电泳沉积新技术研究［D］.西安:
陕西科技大学,2007.

# 第2章
## 包埋法制备 C/C 复合材料
## 抗氧化碳化硅内涂层的研究

## 2.1 碳化硅材料概述

C/C 复合材料具有热膨胀系数低的特点,虽然有利于保持制品形状尺寸的稳定,但也是影响表面抗氧化涂层使用效果的主要原因。因此,许多耐高温的陶瓷材料无法直接作为涂层材料应用到 C/C 复合材料表面。为了解决这个问题,大都采用过渡层/耐高温外涂层的复合涂层方式来缓解涂层材料与 C/C 复合材料热膨胀系数不匹配的问题。SiC 涂层由于与 C/C 复合材料的物理、化学相容性好而普遍作为过渡层使用,如 SiC/莫来石、SiC/硼酸盐玻璃等复合涂层。但是,不同的陶瓷复合涂层体系所要求的内涂层结构不同,如曾燮榕等制备的 SiC/MoSi$_2$ 复合涂层要求 SiC 内涂层为多孔的结构以便于 MoSi$_2$ 后期的渗入,成来飞等制备的 SiC/W - Si 涂层则要求内涂层为致密的结构,具有一定的阻挡氧扩散的功能。因此,系统地研究 SiC 内涂层的制备工艺、结构、性能及其影响因素,对于制备以 SiC 为内涂层的复合抗氧化涂层具有借鉴与指导意义。

包埋法是制备涂层的一种传统方法,常常用来制备金属表面的防氧化或防腐蚀涂层。在碳基材料表面也可以用此方法来制备各种涂层,如 SiC,B$_4$C 和 Al$_8$B$_4$C$_7$ 等涂层。在 C/C 复合材料表面制备 SiC 涂层可以采用很多方法,但是常用的制备方法还是包埋法。此外,还有 CVD 法和液硅浸渗法。CVD 法具有制备温度低(900～1 200 ℃),涂层组分、结构可设计,涂层均匀等特点,但涂层与基体结合力较弱,由于热应力以及界面结合等因素,涂层容易脱落。液硅浸渗法是利用高温下硅的液态与碳润湿的特性,将硅熔融后渗入碳材料基体中,在渗硅的过程中,硅与碳反应形成 SiC 涂层。因此,涂层的厚度和均匀性难以控制。包埋法是让硅粉与碳接触并发生反应,在 C/C 复合材料表面生成 SiC,具有工艺简单、涂层与基体结合强度高、能实现 C/SiC 扩散层等优点。这种方法以法国材料研究中心与美国渥特公司的技术为代表,并已经有产品问世。如美国渥特公司从 1973 年开始研究包埋法制备 SiC 涂层,20 世纪 80 年代中期,已应用于航天飞机头罩和机翼前缘。但是许多工艺参数及关键技术尚处于保密状态,有待进一步探索。同时由于包埋法制备温度较高(>1 500℃),涂层的结构受温度、保温时间及粉料配比等因素的影响很大,因此,在涂层的制备过程中,还很难消除 SiC 涂层与 C/C 复合材料基体热膨胀系数不匹配所形成的裂纹缺陷,使得涂层的寿命大大缩短,从而降低了涂层的氧化保护能力。

## 2.2　碳化硅内涂层的制备工艺

试样采用 2D - C/C 复合材料,尺寸为 10 mm×10 mm×10 mm,用 400♯砂纸打磨抛光,并用蒸馏水清洗干净,然后置于烘箱中 100℃烘干备用。

选择高纯度(≥99.5%)的 Si 粉、C 粉及少量添加剂(MgO,$Al_2O_3$ 和 $B_2O_3$),分别研磨至 300 目细度。按照设计的一系列比例将其混合,粉料配好后置于快速研磨机中搅拌均匀后备用。

实验采用一次包埋和二次包埋工艺在 C/C 试样表面制备 SiC 涂层。其中进行一次包埋的粉料为 65%~75%(质量分数)Si 粉(300 目)、10%~20%(质量分数)C 粉(300 目)、5%~9%(质量分数)MgO(300 目)和 5%~9%(质量分数)$Al_2O_3$(300 目)。首先,将准备好的 C/C 复合材料试样放入石墨坩埚,并分别埋入上述粉料中,将石墨坩埚放入石墨作加热体的立式真空炉中(功率为 50 kW;最高使用温度为 2 400℃,该真空炉的结构图 2 - 1 所示)。抽真空 30 min 后使真空度达到 0.09 MPa,静置 30 min,观察真空表指示是否变化,如无变化,说明系统密封完好。通氩气至常压后再抽真空,此过程重复三次。随后控制升温速度在 10℃/min,将炉温从室温升至 1 800℃,达到预定温度后保温 2 h,随后以 10℃/min 的速度降温,关电源自然冷却至室温,整个过程通氩气保护。开炉后打开坩埚,从粉体中取出 C/C 复合材料,清洗干净后可看到在材料表面有一层产物即为涂层。

采用 70%~80%(质量分数)Si 粉(300 目)、8%~16%(质量分数)C 粉(300 目)、3%~8%(质量分数)$Al_2O_3$(325 目)3%~8%(质量分数)$B_2O_3$(325 目)对一次包埋后的 C/C 复合材料试样进行二次包埋,操作与一次包埋相同,只是温度控制上是先升至 2 000℃,保温 2 h 后再迅速升至 2 200℃,并保温 2 h。

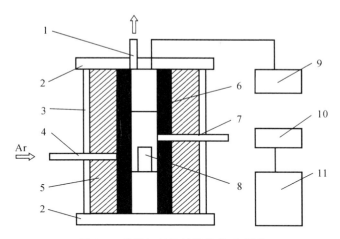

图 2-1 高温气氛烧结炉结构示意图

1—出气;2—端盖;3—水冷壁;4—进气口;5—碳毡;6—石墨管(加热体);

7—观察孔;8—坩埚;9—真空泵;10—红外测温探头;11—红外测温仪显示仪

## 2.3　碳化硅内涂层的表征及性能测试

### 2.3.1　结构表征方法

**1. X 射线衍射分析**

采用日本理学 Rigaku D/MAX2200PC 型 X 射线衍射仪(XRD)分析涂层表面的晶相组成,其实验条件为 Cu 靶 Kα 线,石墨晶体单色器,管电压40 kV,管电流 40 mA,发散狭缝 $D_s$、接收狭缝 $R_s$ 和防散射狭缝 $S_s$ 分别为 1°,0.3 mm 和 1°,扫描速度为 15°/min。

**2. 显微结构及能谱分析**

采用带 EDS(Energy Dispersive X - Ray Spectroscopy)能谱仪的 JEOL JXA - 840S570 型扫描电镜分析涂层的显微结构和化学组成。其中用 SEM (Scanning Electron Microscopy)观察涂层的表面和断面形貌时,试样的观察表面要预先进行喷金处理。

### 2.3.2　抗氧化性能测试

对制备的涂层 C/C 试样进行了高温下静态空气中的氧化测试实验,过程中将涂层 C/C 复合材料置于氧化铝基片上,然后直接放入恒温管式高温电炉中,于自然空气对流的气氛下测试防氧化性能。实验中经过不同的氧化时间后将试样从炉内取出,急冷至室温,然后用分析天平称量试样的质量。试样在实验中将进行多次周期性的加热-冷却循环,通过氧化失重率和单位面积失重量来评价涂层抗氧化能力的优劣:

$$\Delta W = (m_0 - m_1)/m_0 \times 100\% \qquad (2-1)$$
$$W_t = (m_0 - m_1)/S \qquad (2-2)$$

式中,$\Delta W$ 为试样的氧化失重率(%);$W_t$ 为试样的单位面积失重(g/cm$^2$);$m_0$ 为氧化前试样的质量(g);$m_1$ 为氧化后试样的质量(g);$S$ 为试样的表面积(cm$^2$)。

## 2.4 碳化硅内涂层晶相与显微结构

### 2.4.1 涂层的晶相结构

图 2-2 所示为一次固渗法和二次固渗法制备 SiC 复合涂层的 XRD 分析谱图。从图中可以看出,一次固渗之后出现了 β-SiC 相和 Si 相,说明有少量的未与基体和石墨粉反应的游离硅进入了涂层,β-SiC 的衍射峰强于 Si 的衍射峰,说明涂层的主要成分是 β-SiC(见图 2-2(a));二次固渗后,β-SiC 的衍射峰有所减弱,游离硅的衍射峰得到了增强,且出现了 α-SiC 相(见图 2-2(b))。由此可见,二次包埋后的涂层为富 Si 的 SiC 涂层(Si/α-SiC/β-SiC 涂层),这对于提高 C/C 试样的抗氧化性能极为有利。

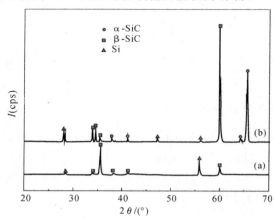

图 2-2 涂层 XRD 分析谱图

(a)一次固渗所得涂层 XRD 分析谱图;(b)二次固渗法所得涂层 XRD 分析谱图
注:cps 的全称是 counts per second,表示计数率,即每秒收集到的光子个数。

### 2.4.2 涂层的显微结构

二次包埋后涂层表面的 SEM 表面形貌分析说明涂层由均匀分布的颗粒相和熔融相构成,结构致密,无明显的裂纹和孔洞,晶体颗粒被熔融相所包裹,根据 EDS 分析得知,图 2-3 中的 1 和图 2-3 中的 2 分别为晶相 SiC 和熔融相 Si。结合 XRD 的分析结果(见图 2-2),可知经二次包埋后,涂层主要由 SiC 颗粒相和与之紧密结合的熔融 Si 相构成,涂层表面结构致密。

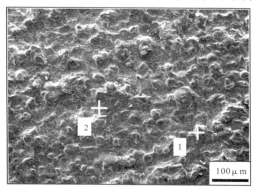

图 2-3 二次包埋后涂层表面的扫描电镜显微结构

二次包埋后涂层断面的 SEM 形貌分析(见图 2-4)表明,涂层厚度约为 250 $\mu m$,且断面结构致密。SiC 相和 Si 相结合良好,一部分涂层材料经过渗透作用进入 C/C 复合材料基体,与基体呈犬牙交错的结合形态,有利于提高涂层的抗氧化能力。

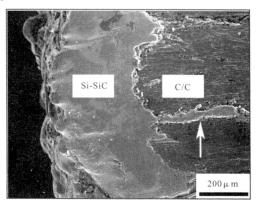

图 2-4 二次包埋后涂层表面的扫描电镜显微结构

## 2.5　碳化硅内涂层抗氧化性能

　　图 2-5 所示为试样 1 500 ℃的氧化失重曲线。由图可知,自氧化测试开始时间到 60 h 之间,试样处于增重阶段,主要是由于 Si 和 SiC 被氧化成 SiO₂ 所致;在 60~150 h 范围内,试样逐渐失重,这是因为经过长时间氧化和多次冷热循环之后,涂层开始出现急冷开裂缺陷,成为氧气扩散通道,使基体被氧化,导致试样失重;150 h 后,试样失重率逐渐减小,主要原因可能是形成了铺展良好的 SiO₂ 玻璃膜,其可以有效愈合涂层开裂和孔隙等缺陷。从图中还可以看出,在 1 500 ℃下经过 200 h 氧化后,试样单位面积失重仅为 $4.42×10^{-4}$ $g·cm^{-2}$。这比由其他方法制备的 SiC 涂层对 C/C 复合材料保护效果更佳。此外,二次固渗工艺对设备要求简单,成本低;相对于化学气相沉积法和等离子喷涂法,其可以在同一过程使基体每个面都能形成成分均匀、致密的涂层。因此,二次固渗法是制备致密 Si/α-SiC/β-SiC 复合涂层很好的方法。

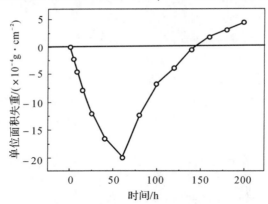

图 2-5　涂层试样在 1 500 ℃下的氧化失重曲线

## 2.6　碳化硅内涂层的动力学分析

　　包埋法的原理是用加热扩散的方法把 Si 元素渗入基体表面,与碳反应以生成 SiC 涂层,其突出特点是涂层的形成主要依靠加热扩散作用,因而结合十分牢固,并且存在扩散的过渡层。整个制备过程受扩散和反应速度控制。
　　SiC 涂层的制备主要依赖于以下反应的发生:

$$Si\,(s) + C\,(s) \xrightarrow{\text{高温,惰性气体}} SiC\,(s) \qquad (2-3)$$

在包埋工艺中,要形成一定厚度的涂层,硅必须通过扩散作用进入 C/C 复合材料基体内部,这可用菲克第二定律描述为

$$\frac{\partial c}{\partial t} = \frac{\partial}{\partial x}\left(D\,\frac{\partial c}{\partial x}\right) \qquad (2-4)$$

式中,$D$ 为扩散系数;$c$ 为浓度;$x$ 为扩散层深度。

当 $D$ 与浓度无关时,式(2-4)可改写为

$$\frac{\partial c}{\partial t} = D\,\frac{\partial^2 c}{\partial x^2} \qquad (2-5)$$

由于包埋粉料充足,含硅量高,因此可以假设 C/C 表面上渗入 Si 元素的浓度 $c_0$ 在渗入过程中是恒定不变的,内部原有 Si 元素浓度为 $c_s$,扩散系数 $D$ 与浓度无关,将式(2-5)求解可得

$$\frac{c(x,t)}{c_0 - c_s} = 1 - \mathrm{erf}\left(\frac{x}{2\sqrt{Dt}}\right) \qquad (2-6)$$

当 $c_s = 0$ 时,有

$$\frac{c(x,t)}{c_0} = 1 - \mathrm{erf}\left(\frac{x}{2\sqrt{Dt}}\right) \qquad (2-7)$$

当 $c/c_0$ 一定,$D$ 为常量时,可得

$$\frac{x}{\sqrt{Dt}} = Kx^2 = 4KDt \qquad (2-8)$$

式中,$x$ 为扩散层深度;$K$ 为与渗层渗入深度有关的常数,它可通过实验测出。式(2-8)表明,渗层厚度的平方与扩散时间成正比。

一般说来,影响扩散系数的主要因素是温度。根据扩散动力学原理,扩散系数与温度之间满足关系式(Arrhenius 方程):

$$D = D_0 \exp(-Q/RT) \qquad (2-9)$$

式中,$D$ 为扩散系数;$R$ 为气体常数;$Q$ 为扩散激活能;$T$ 为绝对温度。

由式(2-8)与式(2-9)可得

$$\frac{x^2}{4Kt} = D_0 \exp(-Q/RT) \qquad (2-10)$$

当时间一定时,$4Kt$ 为常数,记为 $K'$。涂层的厚度 $x$ 与单位面积的渗硅量 $s$ 呈正比,则(2-10)可以写为

$$K's^2 = D_0 \exp(-Q/RT) \qquad (2-11)$$

将式(2-11)两边取自然对数,可得

$$K''\ln s = -Q/2RT \qquad (2-12)$$

式(2-12)中 $K''$ 为常数,上式说明在渗硅反应时间一定的情况下,试样单位面积的渗硅量的自然对数 $\ln s$ 与 $1/T$ 呈线性关系,其斜率为 $-Q/2R$。

## 2.7 碳化硅内涂层的失效机理分析

涂层试样在 1 500 ℃ 氧化 145 h 后,表面形成了较为平整的玻璃层(见图 2-6)。涂层表面的 XRD 分析表明(见图 2-7),涂层与氧化前(见图 2-3)相比,SiC 衍射峰减弱,Si 的衍射峰消失,出现了 $SiO_2$ 相。图中 18°~28°的峰形特征也说明涂层中非晶态物质的形成。在氧化测试过程中,试样遭受 1 500 ℃ 到室温的循环热冲击,这导致涂层中微裂纹的形成。但从图 2-6 可以明显看出裂纹自愈合的痕迹。由图 2-8 可以看出,随着氧化时间的延长,涂层表面除了急冷造成的微裂纹外,还出现了一些孔洞。

$$\left.\begin{array}{l} 2Si+O_2 \rightarrow 2SiO \\ 2SiO+O_2 \rightarrow 2SiO_2 \end{array}\right\} \qquad (2-13)$$

$$\left.\begin{array}{l} SiC+O_2 \rightarrow SiO+CO \\ 2SiO+O_2 \rightarrow 2SiO_2 \end{array}\right\} \qquad (2-14)$$

根据上式可知,由于界面上形成的气态 CO 和 SiO 大于大气压力,这导致 SiO 和 CO 通过玻璃层逸出,在表面破裂而形成孔洞;又加之 $SiO_2$ 玻璃黏度较大,高温流动性差,因而这些孔洞很难在短时间内愈合。这使得高温下氧气通过孔洞直接和基体接触,使其慢慢氧化,这又进一步加速了 CO 和 $CO_2$ 气体的生成和逸出。随时间延长,孔隙数量进一步增加(见图 2-8),涂层的自愈合能力逐渐下降,其抗氧化能力不断降低而最终导致涂层失效。

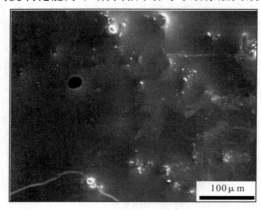

图 2-6　涂层试样在 1 500 ℃ 氧化 145 h 后的表面形貌

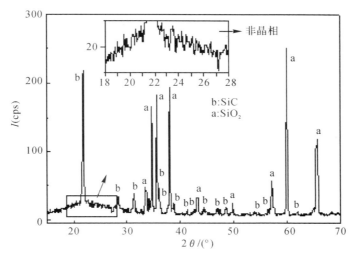

图 2-7 涂层试样在 1 500℃氧化 145 h 后表面的 XRD 图谱

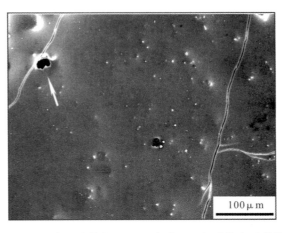

图 2-8 涂层试样在 1 500℃氧化 200 h 后的表面形貌

## 2.8 本 章 小 结

(1)以 65%～75%(质量分数)Si 粉、10%～20%(质量分数)C 粉、5%～9%(质量分数)MgO 和 5%～9%(质量分数)$Al_2O_3$ 为一次包埋粉料,以 70%～80%(质量分数)Si 粉、8%～16%(质量分数)C 粉、3%～8%(质量分数)$Al_2O_3$ 和 3%～8%(质量分数)$B_2O_3$ 为包埋粉料分别在 C/C 基体表面制备

涂层。

(2)二次包埋法制备的涂层由 Si，$\alpha$ - SiC，$\beta$ - SiC 三相组成；颗粒状 SiC 和熔融 Si 形成了涂层的致密结构，涂层厚度均匀(约为 $250\mu$m)。

(3)1 500℃下的氧化失重表明，二次包埋法制备的 C/C 试样在经历 200 h 氧化后，单位面积失重仅为 $4.42\times10^{-4}$ g $\cdot$ cm$^{-2}$。

(4)Si/$\beta$ - SiC/$\alpha$ - SiC 涂层 C/C 试样经过长时间的氧化后，涂层中的孔洞增加，基体与氧气接触的机会增多，高黏度的 $SiO_2$ 玻璃层在高温下不断消耗且无法完全填充这些孔洞和裂纹，最终导致涂层的失效。

# 参 考 文 献

[1] SMEACETTO F，FERRARIS M. Oxidation Protection Multilayer Coatings for Carbon - Carbon Composites ［J］. Carbon，2002 (40)：583 - 587.

[2] CHENG L F，XU Y D，ZHANG L T，et al. Preparation of An Oxidation Protection Coating for C/C Composites by Low Pressure Chemical Vapor Deposition[J]. Carbon，2000(38)：1493 - 1498.

[3] HUANG J F，ZENG X R，LI H J，et al. Influence of the preparation temperature on phase，microstructure and anti - oxidation property of a SiC coating for C/C composites[J]. Carbon，2004，42(8 - 9)：1517 - 1521.

# 第3章
# 水热电泳沉积法制备纳米碳化硅外涂层的研究

  SiC 由于在高温下具有抗氧化、热稳定性好等一系列优异性能,其作为涂层或陶瓷基复合材料基体被广泛应用于航空航天和国防领域。一方面,SiC在 1 700℃以下具有较低的蒸气压和氧的扩散渗透率,发生氧化反应后生成连续、致密的 $SiO_2$ 保护薄膜,可直接用作 C/C 复合材料表面抗氧化烧蚀涂层;另一方面,和其他陶瓷材料相比,SiC 的热膨胀系数较低($4.5\times10^{-6}K^{-1}$),与C/C 复合材料接近($1\times10^{-6}K^{-1}$),从而更多地被用作 C/C 复合材料表面抗氧化烧蚀涂层体系的内部过渡层,进而缓解陶瓷涂层和 C/C 复合材料的热膨胀系数的不匹配。

  本书均采用固渗法制备 SiC 内涂层,固渗法制备的 SiC 层不仅能实现自内向外由纯碳向 SiC 的梯度过渡,而且还能实现孔隙自内向外由高到低的梯度分布。这一方面改善了涂层与 C/C 基体的界面结合状态;另一方面,大大缓解了涂层与 C/C 基体间热膨胀系数的不匹配程度。因此,包埋 SiC 层的界面结合强度高、抗热冲击性好。另外,包埋法工艺简单、设备要求低,易于实现。

  虽然包埋 SiC 层具有上述种种优点,但仍无法完全消除 SiC 涂层与 C/C复合材料热膨胀系数不匹配所形成的微裂纹等缺陷(如图 3-1 所示),从而导致涂层的抗氧化能力降低。李龙、黄剑锋的研究表明,包埋工艺参数的调控可实现对 SiC 涂层组织结构、涂层厚度等的控制,若工艺得当,则可直接制备出具有 1 500℃/100 h 防护能力的二次包埋 SiC 层,但是涂层中的缺陷依然是涂层失效的主要原因。

  目前的研究都集中在,在 SiC 内涂层上涂覆玻璃密封层以有效地封填 SiC涂层内的缺陷,提高涂层的整体防护能力。以上方法所采用的工艺均需要在高温下进行处理,工艺过程比较复杂。本书首次提出了采用水热电泳沉积法将纳米级 SiC 颗粒均匀的涂覆于 SiC – C/C 试样的表面,纳米 SiC 颗粒层可有效地封填 SiC – C/C 基体的缺陷,并在 SiC – C/C 试样的表面形成具有一定厚度的纳米碳化硅($SiC_n$)外涂层,从而提高 $SiC_n/SiC$ – C/C 试样的整体抗氧化性能。同时,该涂层体系仅有两层,结构简单,且组成单一,不存在内外涂层 CET 失配的问题,既易实现制备又大大减少了整个涂层的缺陷。研究表明,涂层组织及结构越简单,则机理分析时涂层组织、结构所造成的影响越少。另外,涂层结构越简单,则制备工艺重复性、可靠性越好,并使得涂层试样间的数据可比性大大提高。因此,这便于后期涂层的失效机理和氧化动力学机理的分析。

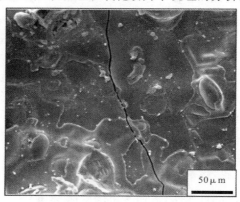

图 3-1　二次包埋后涂层表面的扫描电镜显微结构

# 3.1　水热电泳沉积技术原理

抗氧化涂层的制备技术对涂层性能的影响是至关重要的,本书主要采用一种水热电泳沉积技术。水热法又称热液法,是指在密闭容器中以水或其他溶剂作为溶媒,在一定的温度、压力下即在超临界流体状态下研究、制备、加工和评价材料的一种方法。

电泳沉积方法(ElectroPhoretic Deposition,EPD)是在低温外电场作用下,荷电的固体微粒在电场作用下发生定向移动并在基体(电极)表面形成沉积层的过程。电泳沉积技术可在形状复杂和表面多孔的基底上制备均匀的涂层,这是喷涂方法所不能及的。以两步沉积历程简图为例(见图 3-2):第一步,表面带有吸附离子层的粉体首先弱吸附在阴极表面,此时基体表面仍被吸附离子层所包围,此步是可逆的,实质上是一种物理吸附,微粒的弱吸附量较多。第二步,随着一部分弱吸附在表面的吸附层被还原,粉体与阴极发生强吸附而进入镀层,这一步是不可逆的,随着粉体的电沉积,处于强吸附状态的粉体永久地嵌入镀层中。电泳沉积是一种温和的表面涂覆方法,可避免采用传统高温涂覆而引起的相变和脆裂,在一定程度上解决涂层制备过程中对基体的热损伤;其次,电泳沉积是非线性过程,可以在形状复杂或表面多孔的基体表面形成均匀的沉积层,并能精确控制涂层成分、厚度和孔隙率,使得简单高效制备多相复合涂层和梯度陶瓷涂层成为可能;再者,电泳沉积是带电粒子的定向移动,不会因电解水溶剂时产生的大量气体影响涂层与基体的结合力。此外,电泳沉积还具有操作简单方便、成本低、沉积工艺易控制等特点。

水热电泳沉积法是在电沉积法和水热法基础上发展起来的一种工艺,其制备涂层操作简单,原材料的利用率高,而且可在复杂的表面和多孔的基体上获得均匀一致的涂层;水热条件下的特殊物理化学环境可以加快溶液中的传质速率,制备温度低且制备的涂层不需要后期的晶化热处理,一定程度上避免了在后期热处理过程中可能导致的卷曲、晶粒粗化等缺陷;它具有晶体沉积速率快、电流效率高等优点,这种工艺在水热条件下的特殊物理化学环境可以加快溶液中的传质速率,在简单的操作情况下可在复杂的表面和多孔的基体上获得均匀一致的涂层。因此,将水热电泳沉积技术用于硅酸钇外涂层的制备,不需后处理就能直接得到硅酸钇外涂层。基于此,本书综合电泳沉积技术和水热技术的特点,采用水热电泳沉积技术制备了硅酸钇涂层,并取得一定进展。

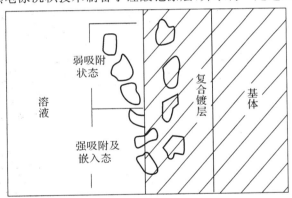

图 3-2　电泳沉积方法示意图

# 3.2　纳米碳化硅外涂层的制备工艺

### 3.2.1　纳米碳化硅悬浮液的配置

首先,将 1 g 的纳米碳化硅粉体(开尔纳米材料有限公司,40 nm)放入容器中;再加入 150 mL 异丙醇,超声震荡 30 min 后磁力搅拌 12 h;再将适量的碘单质加入到容器中,超声震荡 30 min 后磁力搅拌 12 h,配得悬浮液备用。

### 3.2.2  水热电泳沉积方法工艺研究

#### 1. 水热电泳沉积温度的确定

为了研究水热电泳沉积过程中,沉积温度对纳米碳化硅涂层显微结构的影响,实验采用水热电泳沉积法在不同水热温度下(80℃,100℃,120℃)于 SiC - C/C 基体表面沉积纳米碳化硅涂层。

图 3 - 3 所示为不同水热电泳沉积温度(沉积电压 210 V,沉积时间 15 min)下在 SiC - C/C 表面制备的 $SiC_n$ 外涂层的 XRD 图谱。从图中可以看出,水热温度在 80℃ 和 100℃ 时涂层表面仍然有微弱的 $\alpha$ - SiC 和 Si 衍射峰,当水热温度升到 120℃ 后,得到单一的 $\beta$ - $SiC_n$ 晶相。这是由于水热温度的升高,使得涂层的厚度和致密度提高,X 射线无法穿透外涂层。

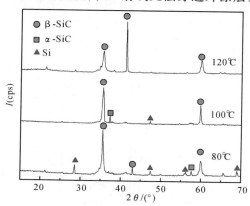

图 3 - 3  不同水热温度下所制备 $SiC_n$ 外涂层表面的 XRD 图谱

图 3 - 4 所示是在不同水热沉积的纳米碳化硅涂层表面 SEM 图。由图 3 - 4(a)可以看出在 80℃ 下制备的涂层表面存在明显裂纹且结构比较松散;随着水热温度的升高,涂层表面致密程度和均匀性均有所提高(见图 3 - 4(b)和图 3 - 4(c))。当水热温度上升到 120℃(见图 3 - 4(c)),涂层表面变得非常致密均匀。但是从图中还可以看出纳米级微孔的存在。结合涂层的断面显微结构(如图 3 - 5 所示),可看出这种微孔并非贯穿性的,这对涂层的抗氧化性能影响不大。

图 3 - 5 所示是在不同水热温度下所沉积涂层的断面结构。由图 3 - 5 可知,采用固渗法制备的 SiC 内涂层约 70 $\mu$m 厚,在 80℃ 下沉积的外涂层中有孔洞和微裂纹存在,但无贯穿性裂纹存在(见图 3 - 5(a))。内外涂层之间结合紧密,无开裂及剥离等现象。说明制备的纳米碳化硅外涂层与 SiC 内涂层

之间具有良好的物化相容性(见图3-5(b)(c))。从图中还可以看出,随着水热温度的升高,涂层的厚度和致密程度均有所增加,这与图3-3和图3-4的分析结果是相吻合的。这可能是由于温度升高后加速了水热釜中纳米碳化硅带电粒子在电场作用下的扩散及迁移速率。此外,温度的升高会导致反应釜内压力的提高,从而使纳米碳化硅颗粒更容易扩散到内涂层中的微裂纹和孔隙中而形成更加致密的复合涂层。

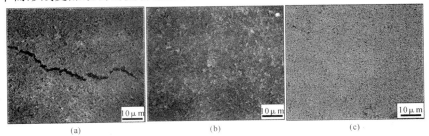

图3-4　不同水热电泳沉积温度下所制备的$SiC_n$外涂层的表面显微结构
(a)80℃;(b)100℃;(c)120℃

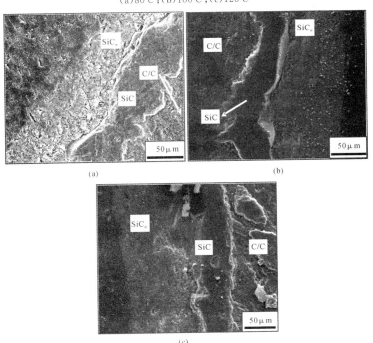

图3-5　不同水热电泳沉积温度下所制备的$SiC_n$外涂层的断面显微结构
(a)80℃;(b)100℃;(c)120℃

**2. 水热电泳沉积电压的确定**

沉积电压是水热电泳沉积方法制备涂层的重要工艺因素,为了确定最佳工艺参数,实验采用水热电泳沉积法于不同沉积电压下(90 V,120 V,180 V,210 V)在 SiC – C/C 基体表面沉积纳米碳化硅涂层。

图 3-6 所示是在不同水热沉积电压(沉积温度为 120℃,沉积时间为 15 min)下在 SiC – C/C 表面制备的 $SiC_n$ 外涂层的 XRD 图谱。从图中可以看出,随着沉积电压的升高,$\alpha$ – SiC 和 Si 衍射峰逐渐减弱;当沉积电压达到 210 V 的时候,得到较纯的 $\beta$ – $SiC_n$ 晶相。这是由于随着电压的升高,电极之间的电场强度也相应地增加,带电粒子的运动速率增加,使得带电颗粒沉积在阴极(SiC – C/C)上涂层的厚度和致密度提高,X 射线无法穿透外涂层。

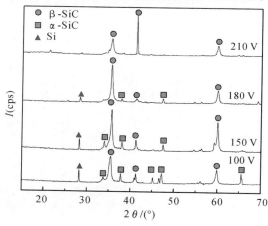

图 3-6  不同水热电泳沉积电压下所制备 $SiC_n$ 外涂层表面的 XRD 图谱

图 3-7 所示是在不同水热沉积电压下所沉积的纳米碳化硅涂层表面的 SEM 图。由图 3-7(a)和图 3-7(b)可以看出在 120 V 和 150 V 下制备的涂层表面存在明显裂纹和较大的孔洞且结构比较松散;随着沉积电压的升高,涂层表面致密程度和均匀性均有所提高(见图 3-7(c)(d))。当水热温度上升到 210 V 时,得到最佳的涂层效果。但是从图中还可以看出纳米级微孔的存在。结合涂层的断面显微结构(如图 3-8 所示),可看出这种微孔并非贯穿性的,这对涂层的抗氧化性能影响不大。

图 3-8 是在不同沉积电压下所沉积涂层的断面结构。从图中可知,采用固渗法制备的 SiC 内涂层约 70 $\mu$m 厚,在 120 V 和 150 V 下沉积的外涂层中

有孔洞和微裂纹存在,且内外涂层间有开裂现象存在,但无贯穿性裂纹(见图
3-8(a)(b))。随着沉积电压的升高,涂层内外、涂层之间结合更加紧密,无开
裂、剥离现象出现。说明高电压下制备的纳米碳化硅外涂层与 SiC 内涂层之
间具有良好的物化相容性。从图中还可以看出,随着水热温度的升高,涂层的
厚度和致密程度均有所增加(见图 3-8(c)(d)),当电压升高到 210 V 时,涂
层的厚度达到 110 μm 左右,且致密程度达到最佳(见图 3-8(d))。这与图
3-6和图 3-7 的分析结果是相吻合的。这可能是由于电压提高后使得电极
间的电场强度增加,增大的电场驱使带电颗粒扩散及迁移速率增加。

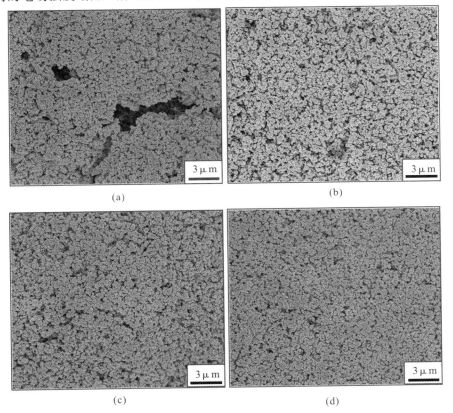

图 3-7　不同电压制备涂层的表面 SEM 图片
(a) 120 V；(b)150 V；(c)180 V；(d)210 V

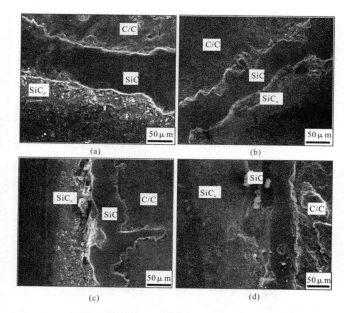

图 3-8 不同水热电泳沉积温度下所制备的 SiCn 外涂层的断面显微结构

(a)120 V；(b) 150 V；(c) 180 V；(d) 210 V

## 3.3 纳米碳化硅外涂层的表征方法

### 3.3.1 纯介质及其悬浮液的电导率测试

采用 DDS-307 型电导率仪(DJS-1C 型铂黑电极,上海精密科学仪器有限公司)分别测定异丙醇、乙酰丙酮和乙醇纯介质的电导率及其作为分散介质时碳化硅悬浮液(悬浮液浓度 $c = 20$ g/L)的电导率。

### 3.3.2 碳化硅粉体在不同悬浮介质中的分散稳定性测试

采用粉末沉降体积百分比方法对悬浮液的分散稳定性进行测试。将碳化硅粉体分别悬浮于异丙醇、乙酰丙酮和乙醇纯介质中(悬浮液浓度 $c = 20$ g/L)。经搅拌 24 h、超声波振荡 15 min 和再搅拌 24 h 后测定浓密液占全部悬浮液的体积百分数($q$)随时间($t$)的变化。

### 3.3.3 晶体结构分析

采用日本理学 D/max-3c 自动 X 射线衍射仪分析粉体和涂层的晶相组

成。实验条件为 Cu 靶 Kα 线,石墨晶体单色器,管压 40 kV,管流 40 mA,狭缝 $D_s = 10°$,$R_s = 0.3$ mm,$S_s = 10°$。

### 3.3.4 显微形貌分析

采用 JSM - 6700F 型场发射扫描电子显微镜(FESEM)观察声化学沉淀法制备碳化硅粉体的显微结构,采用 JEOL JXA - 840S570 型扫描电镜(SEM)观察涂层的显微形貌。

## 3.4 SiC$_n$/SiC 涂层高温抗氧化性能及失效机理的研究

### 3.4.1 涂层试样 1 500℃等温静态氧化性能分析

**1. 不同水热电泳沉积温度沉积的涂层试样抗氧化性能测试**

图 3-9 所示为涂层 C/C 复合材料在 1 500℃下的等温氧化曲线。由图可以看出,固渗法制备的 SiC 涂层试样在 1 500℃的温度下氧化 20 h 后单位面积失重就达到了 $5.4 \times 10^{-3}$ g/cm$^2$。说明单一的 SiC 涂层不能长时间对 C/C 复合材料进行有效的保护。而沉积了纳米碳化硅外涂层的试样对 C/C 复合材料的有效保护超过 140 h,并且随着水热温度的升高,所制备涂层试样的抗氧化性能逐渐增强。当水热温度达到 120℃时,在 1 500℃经过 202 h 的氧化后单位面积失重仅为 $2.16 \times 10^{-3}$ g/cm$^2$,说明制备出来的涂层试样具有优异的抗氧化性能。此外,涂层试样在性能测试中经受了从 1 500℃到室温,再从室温到 1 500℃的 16 次热震,涂层完整,没有出现剥落及开裂等失效现象,说明制备的SiC$_n$/SiC复合涂层在 1 500℃下还具有优异的抗热震性能。

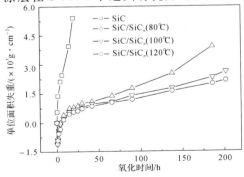

图 3-9　不同水热温度制备涂层 C/C 复合材料的 1 500℃等温氧化曲线

**2. 不同水热电泳沉积电压沉积的涂层试样抗氧化性能测试**

图 3-10 所示为涂层 C/C 复合材料在不同沉积电压下 1 500℃的等温氧化曲线。由图可以看出,沉积了纳米碳化硅外涂层的试样对 C/C 复合材料的有效保护均超过 100 h,并且随着沉积电压的提高,所制备涂层试样的抗氧化性能逐渐增强。当水热温度达到 120℃时,所制备的涂层可在 1 500℃高温下有效保护 C/C 复合材料 202 h 而氧化失重率仅为 0.79%,说明制备出来的试样具有优异的抗氧化性能。综合本章的测试结果可以看出当水热温度为 120℃,沉积电压为 210 V,沉积时间在 15 min 时涂层具有最佳的抗氧化性能。

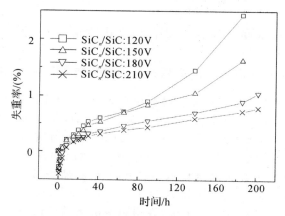

图 3-10  不同沉积电压制备涂层 C/C 复合材料的 1 500℃等温氧化曲线

**3. 1 500℃涂层试样氧化失效分析**

图 3-11 所示为涂层试样(水热温度 120℃,沉积电压 210V;沉积时间 15min)在 1 500℃下氧化 202h 后的表面和断面图片。由 3-11(a)可以看出,氧化后的试样表面形成了一层平滑致密、无裂纹及空洞的玻璃层,其 XRD 图谱见图 3-12。所形成的玻璃层对涂层的抗氧化是有利的。因为形成的玻璃可以有效地封填氧化过程中涂层表面出现的裂纹及微孔等缺陷,阻挡了氧气通过这些缺陷进入基体。从涂层的断面(见 3-11(b))图中看出,经过 202 h 的高温氧化试验后涂层中没有出现贯穿性的孔洞或裂纹,而氧化后涂层的厚度明显比氧化前(见图3-8(d))有所减少。这可能是 $SiO_2$ 由于长时间高温氧化挥发所致,同时这也是涂层试样失重的主要原因。

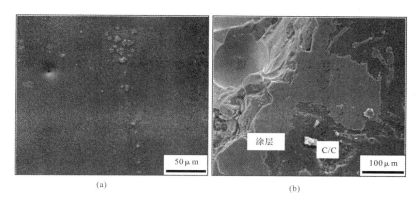

图 3-11  1 500℃下氧化 202 h 的涂层试样表面和断面的 SEM 图片

(a)表面；  (b)断面

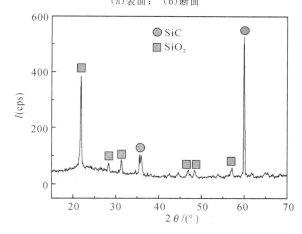

图 3-12  SiC$_n$/SiC 涂层涂覆的 C/C 复合材料在 1 500℃下
氧化 202 h 后涂层表面的 XRD 图谱

### 3.4.2  最佳工艺条件涂层试样 1 600℃等温静态氧化性能分析

图 3-13 所示为最佳工艺条件下所沉积的涂层试样在 1 600℃的等温氧化曲线。由图可以看出，涂层氧化 64 h 后的单位面积失重仅为 $3.7 \times 10^{-3}$ g/cm$^2$，相应的氧化速率维持在 $5.8 \times 10^{-5}$ g/cm$^2$ · h 的极低水平。研究表明，当 SiC 涂层氧化形成的完整 SiO$_2$ 膜起到防护作用，材料进入稳态氧化质量损失阶段时，涂层的防氧化主要由以下几个过程依次决定：①氧经最外面的 SiO$_2$ 薄层扩散向 SiO$_2$/SiC 界面迁移；②氧通过涂层晶界或缺陷向涂层/基材

界面快速迁移;③在 $SiO_2/SiC$ 界面处氧与 SiC 反应;④在涂层/基材界面处氧与碳发生氧化反应。由图 3-8 可发现,涂层试样的氧化可分为三个阶段。第一阶段为 30 min 内的初始氧化阶段。在此阶段内,涂层试样迅速增重到极值。这说明在 1 600℃下纳米 SiC 外涂层迅速被氧化,SiC 与 $O_2$ 反应,生成 SiO 和 CO;而后 SiO 继续与 $O_2$ 反应生成 $SiO_2$ 玻璃层。此后试样进入相对氧化失重的第二阶段(在 1~28 h 内)。在此阶段,涂层试样的氧化失重随时间基本保持抛物线规律。随氧化时间的延长,氧化质量损失速率缓慢增加。说明在此阶段随着 $SiO_2$ 玻璃膜的逐渐增加,其对涂层中的缺陷进行了有效的愈合,这阶段涂层试样的氧化应受过程①所控制,氧在 $SiO_2$ 中的扩散速度决定了 C/C 复合材料的氧化质量损失速率,可使涂层获得最有效的防氧化效果。随着氧化时间的继续延长(28 h 以后),涂层氧化进入第三阶段。涂层试样的失重随时间呈直线缓慢增加,这可能是由于 $SiO_2$ 膜和 SiC 界面上形成的气态 CO 和 SiO 大于大气压力,导致 SiO 和 CO 通过玻璃层逸出,在表面破裂而形成微孔(如图 3-14(a)所示);又加之 $SiO_2$ 玻璃黏度较大,高温流动性差,在 1 600℃长时间挥发后表层变薄。因而,在短时间内很难使这些孔洞愈合。随时间延长,$SiO_2$ 进一步挥发,导致孔隙数量进一步增加,涂层的自愈合能力逐渐下降。说明此阶段涂层中出现了不可完全愈合的缺陷,这时,涂层试样的氧化受过程②所控制。如图 3-14(b)所示,氧通过缺陷扩散进入基体并与基体反应使基体局部氧化而形成氧化孔洞。由于该过程受控于氧在缺陷处的扩散速率,因此,涂层仍然具有一定的氧化防护作用,但防护作用明显减弱。

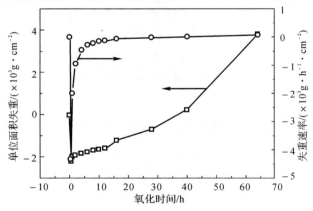

图 3-13 1 600℃下涂层 C/C 复合材料的等温氧化曲线

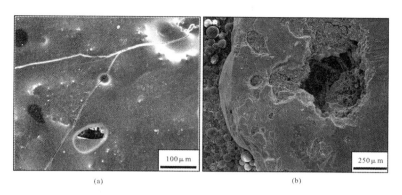

(a)　　　　　　　　　　　　　　　(b)

图 3-14　1 600℃下氧化 64 h 的涂层试样表面和断面的 SEM 图片

(a)表面；(b)断面

## 3.5　$SiC_n$/ $SiC$ 涂层试样高温氧化动力学的研究

根据成来飞等的研究结果,影响涂层 C/C 重量变化与温度的关系的因素有四个:①氧通过裂纹的氧化失重;②温度升高时涂层裂纹的愈合;③氧通过涂层氧化层或玻璃层扩散引起氧化失重;④界面气相反应引起氧化失重。由于这四个影响因素都具有某一温度的临界值,同时需要一定的活化能,它们引起重量的变化与温度的关系可表示为

$$\Delta W_1 = A_1[1 - \exp(-B_1 T^{n_1})] \qquad (3-1)$$

$$\Delta W_2 = A_2[1 - \exp(-B_2 T^{n_2})] \qquad (3-2)$$

$$\Delta W_3 = A_3[1 - \exp(-B_3 T^{n_3})] \qquad (3-3)$$

$$\Delta W_4 = A_4[1 - \exp(-B_4 T^{n_4})] \qquad (3-4)$$

式中,$A$,$B$ 和 $n$ 均为常数;1,2,3 和 4 分别表示裂纹扩散、裂纹愈合、氧化层扩散及界面反应四个影响因素;$\Delta W$ 为重量变化百分数。实际上,以上各式在临界温度以上与一般的 Arrhenius 关系是一致的,有

$$\ln \Delta W' = -A'/T + B' \qquad (3-5)$$

式中,$A'$ 和 $B'$ 为常数,涂层 C/C 总的重量变化为各影响因素引起的质量变化之和,即

$$W = \Delta W_1 + \Delta W_2 + \Delta W_3 + \Delta W_4 \qquad (3-6)$$

为了能够比较准确地计算涂层的高温活化能,本实验每个温度采用 3 个试样测试,并且每个试样都是在最佳工艺条件下制备出来的(电压 210 V,温度 120 V,沉积时间 15 min),氧化失重取 3 个试样的平均值。

在 1 300～1 500℃的温度区间,随着温度的升高,涂层的氧化失重显缓慢的增长趋势。由图 3-15 可以看出其符合抛物线变化规律,将涂层失重的平方对时间作图,发现确实为直线规律(见图 3-16),证明了这种结论。这说明在此温度段,涂层的氧化失重应该是受到氧通过致密的涂层的体扩散所控制的过程,其抛物线系数与温度满足 Arrhenius 关系,如图 3-17 所示。通过计算,其氧化激活能为 112.2 kJ/mol,这与受氧在 $SiO_2$ 中的扩散速度决定时氧化激活能 112 kJ/mol 相接近。说明此时涂层对基体保护本质上是由于玻璃相的完全密封而保护,这时涂层能对基体进行最佳的有效的保护,涂层 C/C 可以长时间防氧化。由图 3-10 可以看出涂层试样能在 1 500 ℃下氧化防护达到 202 h,而且没有明显的氧化增重趋势。

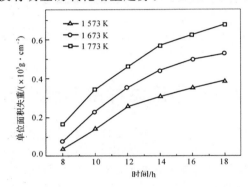

图 3-15　涂层试样在 1 300～1 500℃下氧化失重曲线

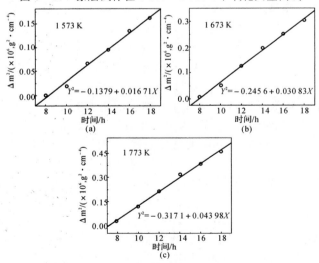

图 3-16　涂层试样在 1 300～1 500℃的氧化温度区间失重的平方与时间的关系
(a)1 300 ℃;(b)1 400 ℃;(c)1 500 ℃

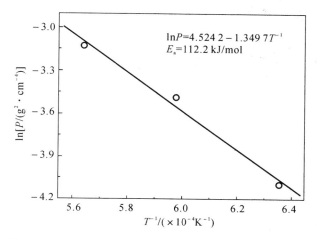

图 3 - 17    涂层试样在 1 300～1 500℃间的 Arrhenius 曲线

# 3.6    本 章 小 结

1)采用水热电泳沉积法在不同沉积电压(120 V,150 V,180 V,210 V)和不同水热温度(80℃,100℃,120℃)下制备 $SiC_n$ 外涂层;当沉积电压为 210 V,水热温度为 120℃,沉积时间为 15min 时沉积涂层效果最好;可以制备出结构致密、无内部缺陷、厚度在 110 $\mu m$ 左右且与内涂层结合良好的 $SiC_n$ 涂层。

2)对以上两种工艺条件下的沉积涂层试样在 1 500℃做抗氧化测试,结果表明在沉积电压为 210 V,水热温度为 120℃,沉积时间为 15 min 的工艺条件下的涂层试样抗氧化性能就好可有效保护 C/C 试样 200 h 以上,氧化失重率仅为 0.79%。对最佳工艺条件下制备的试样进行 1 600℃抗氧化试验,结果表明涂层体系可有效保护 C/C 复合材料 64 h,单位面积失重为 $3.7×10^{-3}\,g/cm^2$,单位面积失重率为 $5.8×10^{-5}\,g/(cm^2 \cdot h)$;涂层的失效主要是因为涂层中出现了不可愈合的孔洞。

3)$SiC_n$/SiC 复合涂层 C/C 在 1 300～1 500℃的温度范围内氧化失重与时间符合抛物线规律,涂层试样的氧化激活能为 122.2 kJ/mol,涂层的氧化受到氧在硅酸盐玻璃中的扩散过程控制。

# 参 考 文 献

[1] 李龙. 碳/碳复合材料 $ZrO_2$ 复合涂层制备及抗氧化研究[D]. 西安:西北工业大学,2004.

[2] HUANG J F, ZHANG Y T, CAO L Y, et al. Hydrothermal Electrophoretic Deposition of Yttrium Silicates Coating on SiC – C/C Composites[J]. Materials Technology,2007,22(2):91 – 93.

[3] CHENG L F, XU Y D, ZHANG L T, et al. Preparation of An Oxidation Protection Coating for C/C Composites by Low Pressure Chemical Vapor Deposition[J]. Carbon,2000(38):1493 – 1498.

# 第4章
# 溶剂热法制备硅酸钇微晶的研究

## 4.1　溶剂热法简介

### 4.1.1　溶剂热法的定义及特点

溶剂热合成法与水热法相似,通常是指将反应温度控制在有机溶剂沸点以上的合适温度(120~260℃)范围内,在特定类型的密闭容器或高压釜中利用溶剂的低沸点在相对不高的温度下产生高压形成溶液中的前驱体,利用这些前驱体发生的特定化学反应进一步生成所需的产品。由于釜内存在温差和强对流,使底部的饱和溶液在上部生长,形成过饱和溶液,从而在釜壁四周形成晶体,过饱和溶液通过在釜内的不断循环使晶体不断生长。整个反应过程所处的亚临界和临界状态,使物质的反应性、合成过程及合成产物的结构性能具有明显的特点。在此过程中,有机溶剂不仅是传递压力的介质,由于其本身具有诸如极性、络合性能等特性,有时对反应会起到奇特的效果。

由于反应体系通常在非理想、非平衡状态下进行,因此溶剂热合成法的研究特点之一为应用非平衡热力学研究合成化学问题。在溶剂热反应的特殊环境中,物质的物理及化学反应性能均异于常态,物质传输速率和渗透速率明显加快,更适用于合成特种组成的功能材料与结构无机化合物材料,如纳米态和超微粒、溶胶与凝胶、非晶态、无机膜、单晶等。

溶剂热合成的另一个特点是具有可操作性和可调变性。基于此开发出的溶剂热反应已有多种类型,所制备出的晶体和材料的物理与化学性质具有其本身的特异性和优良性,是其他多数合成方法所不能取代的。

传统纳米及超微结构材料多采用固相反应法、溶胶-凝胶法、微乳液等方法合成,但以上方法的共同缺点是合成过程需要较长时间,大都需要后晶化处理,因此得到的粉体可能粒度分布不均,颗粒粗大,高温稳定性、化学稳定性差,易出现化学团聚现象等。与传统方法相比,溶剂热合成法制备粉体具有高纯、超细、粒径分布窄、颗粒团聚程度轻、晶体发育完整、工艺相对简单、形貌及尺寸可控等优点。

溶剂热合成法有下述特点。

1)在溶剂热反应条件下,由于反应物性能改变、活性提高及溶剂对产物生成的影响,使该法有可能取代固相法等难于在一般合成条件下进行的化学反应,也可能在此基础上根据反应的特点开拓出一系列新的合成方法。

2)由于在溶剂热条件下更易于某些特殊氧化还原中间态、介稳态及特殊物相等的生成,因此该法更适用于开发一些特种价态、特种介稳结构、特种聚集态新物相的材料。

3)溶剂热具有相对温和的合成条件,有利于减少生长缺陷,控制产物晶体的粒度与微观形貌,制备出具有生长取向性的完美晶体。

4)由于有机溶剂具有沸点低、介电常数小和黏度较大等特点,在同样温度下,溶剂热可达到比水热合成更高的气压,从而能够促使低熔点、高蒸气压且不能在熔体中生成的物质,在溶剂热的低温条件下晶化生成。

5)由于溶剂热条件下的反应气氛与相关物料的氧化-还原电位易于调节,因此更有利于合成某些特定低价态、中间态与特殊价态化合物,特别是能均匀进行掺杂。

以有机溶剂代替水做溶剂即将普通水热法转变为溶剂热法,同时也大大扩展了水热合成的范围。在非水体系中,处于液态分子或胶体分子状态的反应物除了易于形成常规态中无法得到的介稳态产物外,反应物的溶解性更容易受到非水溶剂本身的极性、配位性、热稳定性等特性的影响,从而为研究晶体生长的反应动力学、热力学等特性提供了依据。常用的溶剂热合成溶剂有醇类、DMF、THF、乙醇、乙二胺、苯及聚醚类等。

图4-1所示为国内实验室常用于无机材料合成的溶剂热反应装置图。釜体和釜盖均采用不锈钢材料,以丝扣直接相连的连接方式,从而达到良好的密封性能。内衬材料为聚四氟乙烯,具有较好的耐酸碱性能。溶剂热反应通常采用外加热的方式,以烘箱或马弗炉为热源,使用温度不能超过聚四氟乙烯的软化温度(250℃)。釜内压力由加热介质产生,可以通过介质填充度将其控制在一定范围内,室温开釜。

由于溶剂热合成反应在密闭高压的条件下进行,因此,有诸多因素影响实验安全及产物的生成。其中填充比是重要影响因素之一。填充比指反应物占反应釜内部空间的体积分数。在实际反应过程中,选择合适的填充比可以使釜内保持一定的压力,保证反应物处于液相传质的反应状态,加快分子的传质和碰撞以加快反应速率,又可以防止过大的填充度导致高压引起爆炸。对于非水溶剂,通常安全的填充比控制在 $60\%\sim70\%$ 为宜。

图 4-1　溶剂热反应釜实物图

在实际操作过程中,除了选择合适的溶剂和填充度,也应该注意以下原则:①以溶液为反应物;②创造非平衡条件;③选用新鲜的沉淀;④尽量避免引入外来离子;⑤选用表面积大的固体粉末;⑥创造合适的化学反应个体;⑦利用晶化反应的模板剂;⑧选择合适的溶剂;⑨优化配料顺序。

溶剂热反应的具体工艺流程如图 4-2 所示。

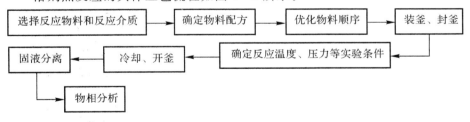

图 4-2　溶剂热合成法制备工艺流程图

### 4.1.2　溶剂热合成法的应用

(1)纳米材料。

采用溶剂热法制备的纳米材料,其特点是直接生成氧化物,从而避免了盐类或氢氧化物分解,因而产物结晶程度高,团聚少,烧结活性高,尺寸分布窄。

多用来制备高纯、均一的纳米材料。汤睿等以 PEG20000 为模板剂，采用乙醇-水的混合液为溶剂，成功制备出叶片簇状分级结构的纳米氧化铝，不仅保证了产物微观形貌，同时大大提高了其比表面积（283 $m^2 \cdot g^{-1}$），预计该结构的产物会在高比表面积的分级构造。纳米氧化铝在吸附、环境治理和催化等领域中发挥更好的性能，拥有更广泛的应用前景。张浩等选取乙醇为溶剂，利用溶剂热法，得到了具有光滑表面球晶、六方片状晶、堆晶状球晶等微观生长形态的 $FeS_2$ 微纳米结晶。

（2）微孔材料。

对于微孔材料的研究，相对比较成熟的合成方法为水热与溶剂热合成法。已经成功合成出了多种微孔材料，如 ZSM 系列分子筛、打孔单晶、沸石分子筛、Ton（T＝Si、Al 或 P）孔道结构等。徐如人等通过对沸石分子筛在醇体系合成的大量研究，开辟了醇体系中磷酸盐微孔化合物的合成路线，制备出了 50 余种新型结构 ZnPO，GaPO，InPO，AlPO，CoPO 大单晶；朱阳春等采用溶剂热法，辅助 2，3－二疏基丙醇为螯合剂，成功制备出高纯度的微孔 $[MeN]_2 HgGe_4 S_{10}$ 单晶；中国台湾清华大学的李光华等于 2005 年报道了在溶剂热条件下高温高压合成的两种微孔锡硅酸盐化合物 $[Na_3 F][SnSi_3 O_9]$ 和 $Cs_2 SnSi_3 O_9$。

（3）薄膜材料。

溶剂热合成法同样也是用来制备薄膜材料的常规方法，其化学反应通常是在密闭容器内的高温高压流体中进行的，前驱体一般选用无机盐或氢氧化物水溶液，以载玻片、金属片、单晶硅、$\alpha - Al_2 O_3$、塑料等为衬底。通过在低温（一般低于 300℃）下将衬底浸入前驱物溶液中进行适当溶剂热处理，最终可以在衬底上形成稳定结晶相薄膜。如高珊等以乙二醇甲醚为溶剂，在玻璃基板上沉积了铝掺杂的氧化锌透明导电薄膜（AZO），研究表明 $Al^{3+}$ 不仅对薄膜的导电性有很大程度改善，同时起到矿化剂作用，从而促进了薄膜生长。所制备的薄膜可见光平均透过率大于 8％，方块电阻小于 500 $\Omega$。河南大学特种功能材料研究室采用两步溶剂热法在氧化氟锡导电玻璃基板上制备出 $CuInS_2$ 敏化 $TiO_2$ 纳米棒阵列复合薄膜材料，同时对其光电性能进行了测试和研究。

（4）Ⅲ～Ⅴ族化合物的溶剂热合成。

Ⅲ～Ⅴ族化合物是良好的半导体材料，被广泛应用于超高速集成电路、光电器件的基础材料。由于传统的制备方法在水相中难以合成高纯度的Ⅲ～Ⅴ族化合物，使其在工业生产的应用大大受到限制。有机溶剂热是在封闭条件下实现反应与结晶的,十分适合于Ⅲ～Ⅴ族化合物半导体的化学制备。Collado 等以液氨为溶剂,在 150 MPa 和 400℃,600℃,800℃下反应 6 h,制备出微米级 GaN 晶体。Xie 等以 $CaCl_3$ 和 $Li_3N$ 为原料,以苯为有机溶剂,在 300℃以下制得 30 nm 的氮化镓晶体,极大降低了氮化镓的合成温度,同时观察到一般在超高压下才出现的亚稳态立方岩盐相。

(5)多元金属硫化物的溶剂热合成。

在近年来研究较多的无机多功能材料当中,硫化物由于具备非常复杂的结构和丰富的物理化学性质,从而成为研究的热点。对于硫化物合成方面的研究已发展成为目前无机合成化学的一个十分活跃的研究领域。Jia 等分别用二亚乙基三胺和乙二胺为溶剂,合成出含有 $[Sn_4S_6]^{4-}$ 孤立阴离子的化合物,在配位离子 $[M(en)_3]^{2+}$（$M = Ni, Mn, Co, Zn$）和 $[Ni(dien)_2]^{2+}$ 的结构导向作用下,这些孤立阴离子堆积成不同的结构。Maclachlan、白音孟和等利用 2,3 -二疏基丙醇与过度金属形成稳定可溶性螯合物,从而起到了很好的矿化剂作用,同时采用溶剂热法合成了质量好、纯度高、尺寸大的多元硫代锗酸盐及锑酸盐,对新型多元金属硫化物的研究有深远的意义。

## 4.2 硅酸钇的性质及结构特点

### 4.2.1 硅酸钇材料概述

硅酸钇材料具有一系列优异的物理化学性能,如低弹性模量、低高温氧气渗透率、低线膨胀系数、低高温挥发率、耐化学腐蚀等,使其作为高性能结构材料被广泛应用于陶瓷材料、高温抗氧化涂层材料、光学基制材料及微电子材料等领域。

### 4.2.2 不同晶相硅酸钇的结构特点

硅酸钇存在三种晶相结构,分别是 $Y_2SiO_5$,$Y_2Si_2O_7$ 及 $Y_4Si_3O_{12}$。其中对 $Y_2SiO_5$（正硅酸钇）的研究已经相对比较成熟。$Y_2SiO_5$ 晶相又称正硅酸钇,属单斜二轴晶系,空间群 $C_{2h}^6$,其（$C_2/c$）晶格常数为 $a = 1.250$ nm,$b = 0.972$ nm,$c = 1.042$ nm,晶面夹角为 $\beta = 102.68°$。$X_1 - Y_2SiO_5$（低温相）和 $X_2 - Y_2SiO_5$（高温相）是 $Y_2SiO_5$ 所具有的两种不同的单斜结构。在这两种构型中,$Y^{3+}$ 分别占据两个不同的位置。$Y^{3+}$ 在 $X_1 - Y_2SiO_5$ 构型中的配位数为 7 和

9,在 $X_2$-$Y_2SiO_5$ 构型中的配位数为 6 和 7。正是因为其晶体结构中含有一个畸变的四面体 Si 格位和两个畸变的八面体 Y 格位,使其具有一定程度的无序结构,且这两个 $Y^{3+}$ 的格位都可以被掺杂的稀土离子所取代,因而存在两个发光中心,一般称为 $C_1$ 和 $C_2$。此外,$Y_2SiO_5$ 结构中包含独立的 $SiO_4$ 四面体和非硅氧键的氧。

$Y_2Si_2O_7$ 属于单斜 $p2_1/m$ 空间群结构,在空间上形成由 $[YO_6]$ 八面体顶点连接成二维网状结构,网状结构层与层间空隙由分离的 $[Si_2O_7]^{6-}$ 双四面体填充。根据参考文献可知,$Y_2Si_2O_7$ 存在从低温相到高温相的五种同质异形体结构,分别为 $y$-$Y_2Si_2O_7$,$\alpha$-$Y_2Si_2O_7$,$\beta$-$Y_2Si_2O_7$,$\gamma$-Y $Y_2Si_2O_7$ 和 $\delta$-$Y_2Si_2O_7$,且在常压下不同温度存在着如下固相结构转变关系:$\alpha \overset{1\,225℃}{\rightleftharpoons} \beta \overset{1\,445℃}{\rightleftharpoons} \gamma \overset{1\,535℃}{\rightleftharpoons} \delta$。这种晶体同构的状态通常取决于被阳离子连接起来的 $[Si_2O_7]^{6-}$ 原始单元的组分及数量。例如,$\alpha$-$Y_2Si_2O_7$ 就是 $[Si_3O_{10}]^{8-}$ 族群与 $[SiO_4]^{4-}$ 共同组成的结构。已有相关文献指出,$\alpha$-$Y_2Si_2O_7$ 中的 Si-O-Si 夹角分别为 118.2° 和 133.2°;$y$-$Y_2Si_2O_7$ 中硅氧键的夹角均为 134°;$\delta$-$Y_2Si_2O_7$ 中硅氧键的夹角均为 158°;$\beta$-$Y_2Si_2O_7$ 与 $\gamma$-$Y_2Si_2O_7$ 的键角分别为 118° 和 172°;另有一次关于 $z$-$Y_2Si_2O_7$ 的相关报道,指出其晶型结构与(JCPDS)卡片(21-1459)对应,该相属于低温相,仅在温度低于 1 030℃ 下稳定存在。

$Y_4Si_3O_{12}$ 晶格常数未见报道,但由于其熔点高达 1 950℃,在高温防氧化材料方面有着广泛应用。本书中关于硅酸钇抗氧化涂层方面的研究讨论了包括 $Y_4Si_3O_{12}$ 在内的三种晶相组成对复合涂层显微结构及抗氧化性能的影响。图 4-3 所示为硅酸钇中 $Y^{3+}$ 的配位图((a)配位数为 7,(b)配位数为 6,(c)$Y_4Si_3O_{12}$ 配位)。

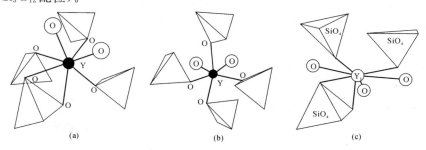

图 4-3 硅酸钇中 $Y^{3+}$ 的配位

(a)配位数为 7;(b)配位数为 6;(c)$Y_4Si_3O_{12}$ 配位

### 4.2.3 硅酸钇的制备方法

随着新兴学科技术的应用和普及发展,特别是应高能物理实验及显示行业的要求,对无机荧光材料的发展也提出了新的挑战。目前已有报道的关于硅酸钇的制备方法包括溶胶-凝胶法、提拉法、水(溶剂)热合成法、微波水热合成法、声化学合成法、激光脉冲沉积技术、燃烧法等。

(1)溶胶-凝胶法。

溶胶-凝胶法属于湿化学法制备材料的范畴,其基本工艺是由金属有机化合物、金属无机化合物中的一种或两种混合,经过水解缩聚过程,逐渐凝胶化后进行相应后处理,从而获得氧化物或其他化合物。

溶胶-凝胶法的优点主要有:① 工艺简单,设备低廉,制备过程温度较低;② 增进了多元组分体系的化学多元性;③ 反应过程易于控制,能够实现过程的完全精确控制,调控凝胶的微观结构;④ 制备材料有较宽的掺杂范围,化学计量准确,且易于改性;⑤ 制备的产物纯度高,材料组分均匀;⑥ 可以得到一些传统方法无法得到的材料,如有机-无机纳米复合材料等。

溶胶-凝胶法的缺点主要有:① 所用原料多为有机物,成本较高,有些对人体有害;② 反应涉及如 pH 值、反应温度、前驱物浓度、有机物杂质掺入等多重过程变量的影响;③ 工艺过程时间较长,有些反应的处理时间长达数月;④ 由于凝胶中液体量大,干燥时产生的收缩容易使半成制品开裂;⑤ 若所得制品不能烧制完全,会产生细孔及 $HO^-$ 或 $C$ 的残留。

关于溶胶-凝胶法制备硅酸钇粉体的报道已有很多。1998 年,J. S. Moya 等首次报道了以硝酸钇、正硅酸乙酯及草酸为原料,采用溶胶-凝胶法制备出单晶的 $Y_2Si_2O_7$ 纳米颗粒。张慰萍等采用溶胶-凝胶法制备出 $Y_2SiO_5:Eu^{3+}$ 纳米晶,通过对其激发光谱、发射光谱及荧光寿命的测试,分析了稀土掺杂纳米荧光粉中浓度猝灭受到抑制的现象。同济大学严冰等采用溶胶-凝胶法原位合成了 $Y_2SiO_5:Tb^{3+}$ 纳米粉体,并对其发光性能进行了研究。

(2)提拉法。

提拉法又称丘克拉斯基法,在 1917 年丘克拉斯基(J. Czochralski)发明了从熔体中提拉生长高质量单晶的方法。此法多用来生成无色蓝宝石、红宝石、钇铝石榴石、钇镓石榴石、变石和尖晶石等宝石晶体。20 世纪 60 年代,提拉法逐步发展成为直接从熔体中拉制出具有各种截面形状晶体的先进定型晶体生长技术。

晶体提拉法与其他晶体生长方法相比具有以下优点：① 所使用的优质定向籽晶和"缩颈"技术，可有效减少晶体缺陷，获得所需取向的晶体；② 在晶体生长过程中可以直接进行测试与观察，更有利于对晶体生长条件的控制；③ 晶体具有较快的生长速度；④ 晶体光学均一性高，位错密度低；⑤ 有效地节约了原料，降低了生产成本，同时免除了工业生产中对人造晶体所带来的繁重的机械加工。

提拉法的不足之处在于：①原料在坩埚中熔化的过程中可能产生污染；②熔体的液流作用、传动装置的振动和温度的波动都会对晶体的质量产生影响。

最初在 1965 年，L. A. Harris 等报道了采用提拉法生长出 YSO 晶体。之后在 1993 年，C. L. Melcher 等也用提拉法，同时选用一定取向的晶体，在一定气氛的炉内，制备出较为纯净的 YSO 晶体。张守都等使用一台中频感应加热炉，采用提拉法生长工艺成功地制备出正硅酸盐- $Y_2SiO_5$ 单晶体。中科院庞辉勇等采用中频感应提拉技术生长的 YSO 晶体经过定向、切割、抛光等工艺处理后，研究了位错蚀坑、小角晶界及包裹物等缺陷对硅晶体透过率的影响。

（3）水（溶剂）热合成法。

水（溶剂）热合成是指在密封的压力容器中，以水（或其他非水溶剂）为溶剂，在亚临界和超临界条件下使得通常难溶或不溶的物质溶解并且重结晶，利用溶液物质化学反应的合成。由于水（溶剂）热反应的均相成核及非均相成核机理与固相反应的扩散机制不同，因而可以创造出其他方法无法制备的新化合物和新材料。

水（溶剂）热合成法的优点主要有：① 所制备的产物纯度高、超细、粒径分布窄；② 颗粒团聚程度轻、晶体发育完整、粒度易控制；③ 工艺相对简单。

水（溶剂）热合成法存在的缺点有：① 由于反应在密闭容器中进行，因而反应过程不易观察和测试；② 产物多受到反应温度、压力、时间、填充比等多重因素的控制；③ 对于一些特殊物质的合成周期较长。

单一采用水（溶剂）热法，不需任何后期处理而制备出纯相硅酸钇粉体的报道较少。AI Becerro 等报道的以硝酸钇及皂石为原料，在 365℃的水热条件下反应 6 天得到晶化的 $Y_2Si_2O_7$。付海利通过研究，分别以硝酸钇和正硅酸乙酯作为钇源、硅源，选用水和乙醇的混合溶液为溶剂，在氢氧化钠矿化剂的作用下，230℃反应 24 h 得到了纯净的 $Y_2Si_2O_7$ 纳米晶。

（4）微波水热合成法。

微波水热合成法是指采用微波加热方式，在水热条件下，实现相对低温/

低压合成的制备方法。其显著优点为：① 反应条件相对温和、反应速度快、能耗较低；② 微波可以直接穿透一定深度的样品，里外同时加热，加热速度快；③ 通过控制微波输出功率可以控制水热反应的温度、压力等因素。

微波水热合成法的不足之处在于，由于微波只对少数能够吸收微波，并与之产生作用的溶剂和物质有特别的作用，所以并不是大多数无机材料的合成都适合于该方法，另外该法需要特殊的微波合成设备，反应机理的研究难以深入。

曹丽云、许斌生等初步尝试了以硝酸钇为钇源，硅酸钠为硅源，采用微波水热合成法，并辅助 900℃保温 2 h 的后期热处理工艺，得到晶粒尺寸约为 $400\sim600$ nm 的 $Y_2SiO_5$、$200\sim400$ nm 的 $Y_4Si_3O_{12}$、$400\sim600$ nm 的 $Y_2Si_2O_7$。该制备方法在硅酸钇合成领域当中是一种新颖的合成方法，尚属首次被报道。

（5）声化学合成法。

声化学法主要是利用超声波在反应体系中产生的局部高温和高压加速化学反应，以期获得常规方法难以制备的材料。声化学的主要反应不是来自声波与物质分子的直接相互作用，而是源于声空化使液体形成中空腔、震荡、生长、收缩直至崩溃等物理化学变化，主要应用在均相合成反应、金属表面上的有机反应、固液两相界面反应、相转移反应等方面。其特点是可以大大降低传统湿化学方法应用过程中引起的晶粒团聚程度，同时可以有效降低一些反应的激活能，使得在不为苛刻的反应条件下即可制得新型纳米材料。

声化学合成法是近几年发展起来的用于合成纳米材料的新方法。其主要优点在于反应体系中产生的局部高温高压传递的特殊能量可以大大降低传统湿化学方法过程中产生的晶粒团聚、反应周期长等缺点，同时使反应活化能有效降低，可以实现在温和的反应条件下得到新型纳米材料。但是，该法所能提供的反应激活能较为有限，对于那些活化能较高的物质不易采用该法一步合成，通常需要辅助后期处理工艺。

关于采用声化学法合成硅酸钇纳米晶的报道只有黄剑锋等。首次报道了以硝酸钇、硅酸钠和氢氧化钠为主要原料，通过调节起始溶液配比，可控地合成出 $Y_2SiO_5$、$Y_{4.67}(SiO_4)_3O$ 和 $Y_2Si_2O_7$ 三种硅酸钇纳米晶，同时对粉体的晶相组成、显微结构及声化学的合成机理进行了初探和研究。

（6）激光脉冲沉积技术。

区别于传统的化学气相沉积法、物理气相沉积技术（PVD）技术，激光脉冲沉积技术（PLD）主要应用在硅酸钇介电材料的制备领域中，如硅酸钇薄膜的制备。

该法是将脉冲激光器产生的高功率脉冲激光聚焦于靶材表面,使其表面产生高温及烧蚀,并进一步产生高温高压等离子体,等离子体定向局部膨胀在衬底上沉积成膜。

与传统的成膜技术相比,PLD技术具有的优点有:① 采用了无污染又利于控制的高光子能量和高能量密度的紫外脉冲激光作为能源产生等离子体;② 由于烧蚀后的粒子具备高能量,可精确控制化学计量比,使靶膜的成分更为均匀,接近一致,适合制备具有高熔点及复杂成分的薄膜;③ 可能在生长过程中原位引入多种气体,实现了反应气氛中制膜,可以更好地控制薄膜组分;④ 工艺简单,灵活性较大,可以采用激光对薄膜进行多种处理工艺。

不足之处在于:① 不易于大面积制备薄膜;② 在制备过程中不可避免存在微米-亚微米尺寸的污染颗粒,所制备薄膜的均匀性可能较差;③ 某些材料靶膜成分并不一致,对于一些多组元化合物薄膜,如果某些阳离子具有较高蒸气压,在高温下无法保证薄膜的等化学计量比生长。

E. Coetsee 等利用 PLD 法在 Si(100)基板上沉积出 $Y_2SiO_5$:$Ce^{3+}$薄膜,并研究了不同气氛($Ar$,$O_2$,$N_2$)条件下得到产物的表面形貌及荧光特性。S. K. Sun 等采用 PLD 法在石英玻璃基板上制备出 $Y_2SiO_5$:$Tb^{3+}$薄膜。

(7)低温燃烧合成法。

低温燃烧合成法主要是以可溶性金属盐(硝酸盐)和有机燃料(氨基乙酸、尿素、柠檬酸)等为反应物,金属硝酸盐充当氧化剂,有机燃料作为还原剂,反应物体系在一定温度下点燃引发剧烈氧化-还原反应,放出热量维持反应进行,其产物多为质地疏松、不结块、易粉碎的超细粉体。

该法的优点在于:① 可依靠自身反应所放出的能量维持反应继续进行,节省能源,反应较为迅速;② 可以原位合成某些材料,在制备一些表面材料过程中,保持表面洁净,结合强度高;③ 易于操作,对设备要求比较简单。

不足之处在于:燃烧的类型和组成强烈影响反应的程度与相组成情况,如果前驱体溶液中只有硝酸盐,不加有机燃料则不能燃烧。整个燃烧过程受到很多因素控制,如加热速率、燃烧类型、燃料用量、燃料与硝酸盐比例及容器容积等。

由于硅酸钇材料特殊的化学组成和结构,不容易用硝酸盐和有机燃料简单得到,所以关于燃烧法制备硅酸钇的报道较少。中国计量学院的俞仙妙等,以硝酸钇为钇源,甘氨酸为燃烧剂,用凝胶低温燃烧法制备出粒径约为 20~30 nm 的 $Y_2SiO_5$:$Eu^{3+}$纳米荧光粉,并测试了产物的激发光谱和荧光发射谱。

### 4.2.4  不同晶相硅酸钇的应用领域

正是因为正硅酸钇的这些特性,使其在高温领域,光学领域中都有很广泛的应用前景。通过在 $Y_2SiO_5$ 晶体中掺杂不同的稀土离子,可呈现出各种优异的特性,从而具有不同的功能。以 $Y_2SiO_5$ 作为基质材料,如 $Y_2SiO_5:Eu^{3+}$,$Y_2SiO_5:Cr^{4+}$,$Y_2SiO_5:Ce^{3+}$ 及 $Y_2SiO_5:Tb^{3+}$ 等。$Y_2SiO_5:Eu^{3+}$ 是一种新型优良发光晶体,在 CTDOM(高密度时域与频域光存储)方面很有应用前景。国际上已经实现在该晶体的一个点上存储了一张存储密度高达 $1.6 \times 10^3$ bit 的元素周期表。$Y_2SiO_5:Cr^{4+}$ 作为激光工作物质,在室温下有 1 304 nm 连续激光输出,同时也可以用作紫翠宝石($Cr^{4+}:BeAi_2O_4$)和 $Cr^{4+}:LiCAF$ 的激光可调谐被动 Q 开关元件。$Y_2SiO_5:Ce^{3+}$ 在 FED 领域被用作蓝色荧光粉,具有高发光效率及快速衰减率。随着各种新型显示技术的发展,$Y_2SiO_5:Tb^{3+}$ 被认为是最理想的 FED 器件绿色荧光粉材料。

在高温领域中,由于 $Y_2SiO_5$ 具备 1 980℃ 的高熔点,在 1 973K 的高温下氧气渗透率为 $10^{-10}$ kg/(m·s),此外其与碳化硅的热膨胀系数几乎相等,且与 SiC 之间有很好的物理化学相容性,从而被认为是以 SiC 为内涂层的复合涂层结构中最理想的外涂层材料之一。黄剑锋等采用等离子喷涂法和原位形成法在 C/C - SiC 表面制备出梯度 $Y_2SiO_5/Y_2Si_2O_7/Y_4Si_3O_{12}$ 和 $Y_2SiO_5/Y_2Si_2O_7/Y_4Si_3O_{12}$/玻璃层高温抗氧化涂层,其中采用原位形成法制备的梯度 $Y_2SiO_5/Y_2Si_2O_7/Y_4Si_3O_{12}$/玻璃涂层可以在 1 600℃ 的静态空气中有效保护 C/C 复合材料 200 h,涂层 C/C 氧化失重率小于 0.65%。

由于焦硅酸盐 $Re_2Si_2O_7$ 二元体系在电、磁及光学领域的特殊性能,使其中的典型代表 $Y_2Si_2O_7$ 为也得到广泛关注。现有报道的研究多集中在以正硅酸钇($Y_2SiO_5$)为光学基质,通过对其进行稀土离子或过渡金属掺杂后,研究其发光性质与应用领域中,而对以焦硅酸钇为基质材料的研究报道甚少。1999 年俄罗斯 N. I Leonyuk 等采用钼酸盐 $A_2MoO_{3n+1}$(其中 A 代表 Li 或 K,$n=1,2$ 或 3)作为助熔剂得到透明且宏观均匀无缺陷的 $Y_2Si_2O_7$ 晶体。日本学者 N. Taghavinia 等对制备的 $Eu^{3+}:Y_2Si_2O_7$ 薄膜材料分析表征及性能测试后表明,该材料在紫外激发下具有较好的亮度值及色饱和度。Lu S. 等采用溶胶-凝胶法制备出 $Eu^{3+}:Y_2Si_2O_7$ 粉体,并对其发光性能进行了研究。已有文献中关于焦硅酸钇的报道中还指出了一种高介电常数的材料。这一点在本书 $Y_2Si_2O_7$ 微晶测试部分可以证实,因其导电性较差,所以在进行电子扫描显微镜(SEM)观察时,试样的表面必须喷金。随着电子工业的迅速发展,要求进一步减小晶体管尺寸,

那么传统的 $SiO_2$ 会在尺寸减小的同时受到量子尺寸效应而失去介电性。为了顺应微电子、半导体领域的发展,要求材料在保持高电容的前提下,同时具有很高的介电常数和较低的隧穿电流,从而使具备优异性能的焦硅酸钇材料引起了研究人员的广泛关注。采用 CVD 法在硅基板上获得的 $Y_2SiO_5/Si(001)$ 薄膜具有良好的电容-电压测试曲线,这一结果同时表明,硅酸钇材料有望取代 $SiO_2$ 成为新型的栅极材料。

## 4.3　溶剂热法合成硅酸钇微晶的理论依据

关于硅酸钇的制备方法,在上面已经有详细的介绍(参阅 4.2.3)。每种制备方法都具有其独特的优点,但不足之处大多在于制备工艺复杂、反应周期长、反应条件要求较苛刻、需后期晶化处理等。特别是对于正硅酸钇作为光学基质,通过对其进行稀土离子或过渡金属掺杂后,研究其发光性质与应用已经相对比较成熟,我们就曾采用新颖的微波水热合成工艺,成功地制备出 $Y_2SiO_5$ 纳米晶。然而采用该方法不能一步合成,必须经过后期热处理才能得到结晶性良好的产物。

直接利用微波水热法合成的 $Y_2SiO_5$ 粉体的 X 射线衍射谱图如图 4-4 所示。从图中可以明显看出,未经热处理的粉体基本没有 $Y_2SiO_5$ 的特征衍射峰出现,仅仅表现为非晶包,这充分说明此时的产物晶化程度很低;将微波水热合成的产物经过 700℃热处理 2 h 后,在衍射角 $2\theta = 25°\sim35°$ 的范围出现了 $Y_2SiO_5$ 的特征衍射峰,峰强而尖锐,说明产物结晶性能良好。

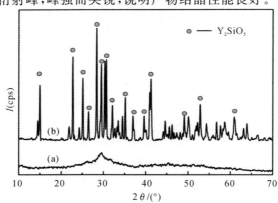

图 4-4　采用微波水热法制备的 $Y_2SiO_5$ 粉体 XRD 图谱
(a)未经热处理;(b)经 700℃热处理 2 h

结合粉体的微观形貌(见图 4-5)可知,未经热处理的粉体呈棉絮状(见图 4-5(a)),没有规则形貌,显示出非晶化的特征;经过 700℃热处理后的粉体呈现出大小不一的立方块状结构(见图 4-5(b)),说明此时粉体的结晶程度得到改善,但当热处理温度升高至 900℃时(见图 4-5(c)),粉体变为块体结构,表现为被烧结的特征。

图 4-5  采用微波水热法制备的 $Y_2SiO_5$ 粉体场发射扫描电镜相片

(a)未经热处理;(b)经 700℃热处理 2 h;(c)经 900℃热处理 2 h

以上数据均可以说明单一采用微波水热法难以得到结晶性好的纯相硅酸钇粉体。然而后期热处理会造成粉体的团聚和烧结,难以控制粉体的粒径和形貌,从而影响了粉体的荧光性能。另外,现有的报道关于以焦硅酸钇为基质材料的研究甚少,特别是采用湿化学法不经过热处理工艺直接合成 $Y_2Si_2O_7$ 粉体的研究几乎没有报道。在查阅的文献中仅有付海利的硕士论文有采用溶剂热法制备 $Y_2Si_2O_7$ 粉体的相关介绍。但是其作者仅讨论了反应温度、反应时间、钇源和硅源及矿化剂等四方面的工艺因素对产物晶相的影响，以及 $Y_2Si_2O_7:Eu^{3+}$ 产生的红色荧光效应，对其他工艺因素及产物微观结构对其荧光性能的影响方面没有详细地介绍。

本书将按照研究材料的基本思路，着眼于材料组成与微观结构的关系，研究不同工艺条件包括（溶剂热温度、反应时间、pH 值、不同溶剂、不同前驱液浓度、不同表面活性剂、不同络合剂）在内的工艺因素对产物组成与微观形貌的影响，特别是不同表面活性剂对产物形貌的控制以及不同络合剂对产物形成机理的影响。在此基础上总结"组成-结构-性能"的关系，研究最佳工艺条件下制备的 $Y_2Si_2O_7:Ce^{3+}$ 粉体的荧光性能。

# 4.4　最佳工艺下硅酸钇微晶的制备

晶体生长形态除了受其内部结构的对称性、结构基元间键合和缺陷等因素制约外，不同的外界环境会直接影响晶体各个晶面的相对生长速率，从而使晶体表现出不同生长形态。在此，本书主要研究了影响晶体形貌的外界因素，如反应温度、反应时间、前驱液 pH 值、前驱液浓度、不同表面活性剂、不同溶剂等。

### 4.4.1　溶剂热法制备硅酸钇微晶

#### 1. 粉体的制备工艺

分别称取一定质量分析纯的 $Y(NO)_3 \cdot 6H_2O$、$Na_2SiO_3 \cdot 9H_2O$ 溶于 15 mL 无水乙醇，以 3 mol·L$^{-1}$ 的 NaOH 调节溶液到一定 pH 值后，将溶液置于容积为 30 mL 的聚四氟乙烯衬里的不锈钢反应釜中，使填充比达到 60%。将反应釜放入烘箱中，控制反应温度范围从 170℃ 到 200℃，反应时间范围从 20 h 到 40 h。待反应体系自然冷却至室温，离心分离，先后用蒸馏水及无水乙醇洗涤数次，最后在 80℃ 烘干，得到的白色粉末即为产物。实验过程中分别改变溶剂为乙二醇、异丙醇、正丁醇和正己醇，分别选用 EDTA、柠檬酸、PEG4000、PVP 及六次甲基四胺（乌洛托品）为表面活性剂。

#### 2. 粉体的测试与表征

产物的晶相组成采用日本理学（Rigaku）公司 D/max2200PC 型自动 X 射

线粉末衍射仪(X - Ray Diffraction,XRD)进行测定。具体参数为:石墨单色器,Cu 靶 K$\alpha$ 辐射,$\lambda = 0.154\,056$ nm(管压 40 kV,管流 40 mA),扫描速度为 $2°/\text{min}$。将测试结果与 JCPDS 标准卡片作对比,确定样品的晶相组成。

产物的微观形貌与尺寸观察及选区电子衍射(SEAD)分别采用荷兰 Philips 公司 Tecnai12 型透射电子显微镜(TEM,120 kV),日本产 JSM - 6700F 场发射电子显微镜(FSEM)。

$Y_2Si_2O_7$ 粉体的光学性能采用美国产 PELS55 型荧光分光光度计,在室温下进行荧光光谱分析。

### 4.4.2　溶剂热法制备硅酸钇微晶反应温度的确定

反应温度对产物形貌有很大影响。绝大多数物质的溶解度会随着温度的升高而增大,提高反应温度可以加快反应速率,提高产物的洁净程度,但同时晶粒的尺寸也会随之增加。通常当反应温度较低时,离子得不到足够的活化扩散迁移能,所以晶化过程相对缓慢;随着反应温度的提高,生长中的晶体将逐步完成晶格的规整过程,得到完整的发育,晶格应力会随着减小,结晶程度也会有所提高。同时反应温度对产物的物相组成与结构也会有很显著影响。

图 4 - 6 所示为不同溶剂热温度下所制备 $Y_2Si_2O_7$ 粉体试样的 XRD 图谱。X 射线的衍射结果与文献报道的 JCPDS 卡片(42 - 0168)$\delta - Y_2Si_2O_7$ 的特征衍射峰相吻合。$\delta - Y_2Si_2O_7$ 属于单斜 $p_21nb/(33)$ 空间群结构,晶胞参数为 $(8.152 \times 13.66 \times 5.02)$,键角为 $(90° \times 90° \times 90°)$。利用 crystalmaker 软件做出 $\delta - Y_2Si_2O_7$ 的晶相结构,如图 4 - 7 所示。由图可以清楚地反映 $\delta - Y_2Si_2O_7$ 为层状结构,预示着其显微结构应该以片状形貌为主。由 XRD 定性分析结果可知,当溶剂热温度为 $170℃$ 时,没有晶体生成,这可能是因为温度太低,没有达到晶体形成所需要的温度;当升高温度到 $180℃$ 时即可制备出 $Y_2Si_2O_7$ 粉体,除少量的 $Y_2SiO_5$ 晶相外,所得粉体较为纯净,但是其衍射峰强度相对较弱,衍射峰较为宽化,说明在此温度下所制备的粉体结晶程度较低,或者晶粒很小,晶体结构不完整。随着溶剂热温度的升高,$Y_2Si_2O_7$ 粉体的衍射峰逐渐增强,当溶剂热温度达到 $200℃$ 时,(101)(021)(140)三个主衍射峰已经明显分离,且逐渐变得强而尖锐,产物有明显沿(140)晶面择优生长的趋势,这说明溶剂热温度的升高有利于 $Y_2Si_2O_7$ 粉体进一步生长,其结晶程度明显提高,同时也可能会造成其晶粒尺寸的增加。由此确定该实验的最优反应温度为 $200℃$。此反应温度明显低于付海利报道的以硝酸钇和正硅酸乙酯为反应物,采用水

热法制备 $Y_2Si_2O_7$ 粉体的合成温度为 230℃。

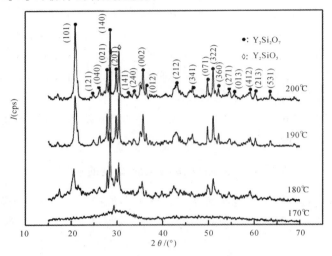

图 4-6 不同溶剂热温度合成粉体的 XRD 图谱

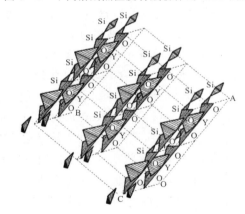

图 4-7 δ-$Y_2Si_2O_7$ 的晶相结构

### 4.4.3 溶剂热法制备硅酸钇微晶反应时间的确定

反应时间对溶剂热反应中产物晶化过程的影响与反应温度有些相似,但影响程度没有反应温度显著。当选择适合的恒定反应温度时,随着反应时间的延长,产物的结晶程度会有所提高,但同时也会伴随晶粒长大。

图 4-8 所示为不同溶剂热反应时间条件下所制备 $Y_2Si_2O_7$ 粉体的 XRD 图谱。由图可以看出,当反应时间少于 28 h 时,主晶相为 $Y_3O_2$ 及 $SiO_2$,几乎

没有 $Y_2Si_2O_7$ 粉体的衍射峰出现。当反应时间达到 28 h 时,出现了微弱的 $Y_2Si_2O_7$ 粉体的衍射峰,同时呈现出宽化特征,说明此时粉体的结晶程度较差,颗粒细小。随着反应时间的延长,其衍射峰强度逐渐增强,当反应时间为 36 h 时,即可得到具有良好结晶程度的 $Y_2Si_2O_7$ 粉体。当继续增加反应时间到 40 h,粉体在各个晶面的结晶程度达到最佳,说明此时晶体结构最为完整。由此确定本实验的最优反应时间为 40 h。

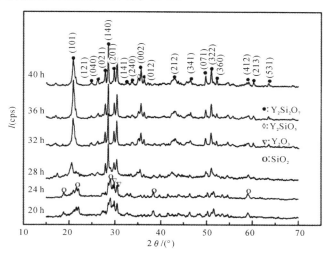

图 4-8　不同反应时间条件下溶剂热合成粉体的 XRD 图谱

### 4.4.4　溶剂热法制备硅酸钇微晶 pH 值的确定

在溶剂热条件下,pH 值很大程度上影响溶液的溶解度,pH 值的范围不同,产物的晶化机制会有所不同。当 pH 值在酸性范围内,晶化机制主要是溶解、成核和晶体生长;当 pH 值控制在碱性范围内,晶化机制主要是重结晶,这一点从文献可以得到证实。随着体系 pH 值增加,体系中反应生成大量的中间产物 $Y(OH)_3$,说明在一定 pH 值范围内,碱性条件下更容易生成 $Y_2Si_2O_7$。但本实验采用溶剂热合成法,有别于文献中的声化学法及微波水热法,对 pH 值的选择范围也会有所不同。由于 pH 值对晶体的生长影响显著,使 pH 值的选取范围成为生长完美晶体的必要条件。该因素的影响相当复杂,一般可以归纳为以下三种方式:①pH 值影响前驱物的溶解度,使溶液中离子平衡发生变化;②pH 值能够改变杂质离子的活性,即包括一些络合剂、表面活性剂的络合或水合状态,同时 pH 值也可能改变晶面的吸附能力,因此对产物的显微结构会有较大的影响；③pH 值可以通过改变各晶面的相对生长速度，引起晶体生长习性的变化，从而影响晶体生长。

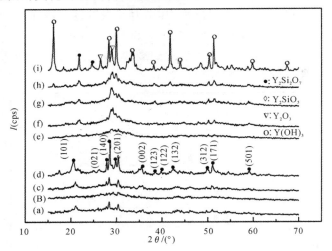

图 4-9　不同 pH 值条件下溶剂热合成粉体的 XRD 图谱

(a)pH=1.34；(b)pH=2.30；(c)pH=3.60；(d)pH=5.28；

(e)pH=7.97；(f)pH=8.85；(g)pH=9.25；(h)pH=10.65；(i)pH=14.20

在溶剂热环境下，合理控制体系的 pH 值，对产物的产率及显微结构都会有较大影响。图 4-9 所示为不同 pH 值条件下溶剂热反应所制备 $Y_2Si_2O_7$ 粉体的 XRD 图谱。由图可以看出，在酸性条件下，制备的粉体中均有 $Y_2Si_2O_7$ 物相存在，但只有当 pH 值为 5.28 时，出现了强度高且尖锐的 $Y_2Si_2O_7$ 粉体的衍射峰，除少量 $Y_2SiO_5$ 晶相外，没有其他杂相产生，说明粉体较为纯净且结晶程度较好；在碱性条件下，几乎没有出现 $Y_2Si_2O_7$ 物相的衍射峰，特别是当 pH 值为 14.20 时，主晶相已完全变为 $Y_3O_2$ 及 $Y(OH)_3$。这可能是由于 pH 值的增大，主要发生如下化学反应：

$$2Y(NO_3)_3 + Na_2SiO_3 \rightarrow Y_2(SiO_3)_3 \downarrow + 2NaNO_3 \qquad (4-1)$$

$$Y(NO_3)_3 + 3NaOH \rightarrow Y(OH)_3 \downarrow + 3NaNO_3 \qquad (4-2)$$

$$Y_2(SiO_3)_3 + 6NaOH \rightarrow 2Y(OH)_3 \downarrow + 3Na_2SiO_3 \qquad (4-3)$$

$$2Y(OH)_3 \rightarrow Y_2O_3 + 3H_2O \qquad (4-4)$$

大量的 $Y^{3+}$ 在强碱性条件下易形成 $Y(OH)_3$ 沉淀，在溶剂热的条件下，一部分 $Y(OH)_3$ 分解为 $Y_2O_3$。在酸性条件下，主要发生如下化学反应：

$$Y_2(SiO_3)_3 + 2H_2O \rightarrow Y_2Si_2O_7 + H_4SiO_4 \qquad (4-5)$$

溶剂中的 $H^+$ 会以水合离子 $H_3(H_2O)^{3+}$ 形式存在，它在(140)晶面附近表现出稀释效应,阻碍溶质向晶面扩散,从而抑制了该晶面生长,所以在酸性较强的条件下 $Y_2Si_2O_7$ 物相在(140)方向的特征衍射峰较弱。当 pH 值升高到5.28时,氢离子浓度减少,阻碍作用减弱,该晶面的生长速度增加,产物表现出沿(140)晶面择优生长趋势。

### 4.4.5　溶剂热法制备硅酸钇微晶前驱液浓度的确定

图 4-10 所示为不同前驱液浓度条件下溶剂热合成 $Y_2Si_2O_7$ 微晶的 XRD 图谱,反映了 $Y_2Si_2O_7$ 微晶随前驱液浓度增大而变化的规律。由图可以明显看出,随着前驱液浓度增大,制备的 $Y_2Si_2O_7$ 微晶的晶相组成与各晶面衍射峰的相对强度均发生了明显变化,择优生长趋势逐渐明显。当前驱液浓度为 $0.02\ mol\cdot L^{-1}$ 时,所得样品几乎没有显示出硅酸钇的峰型,只表现为非晶包;当前驱液浓度增大到 $0.04\ mol\cdot L^{-1}$ 时,出现了硅酸钇的衍射峰,但衍射峰强度较弱,呈现出宽化的特征,且主晶相为 $Y_2SiO_5$;随着前驱液浓度继续增加到 $0.10\ mol\cdot L^{-1}$ 时,虽然衍射峰的强度有所增强,但主晶相仍然为 $Y_2SiO_5$;直到前驱液浓度为 $0.14\ mol\cdot L^{-1}$ 时,产物的主晶相转变为 $Y_2Si_2O_7$,并显示出沿(140)晶面择优取向生长趋势;继续增加前驱液浓度到 $0.2\ mol\cdot L^{-1}$ 时,$Y_2Si_2O_7$ 晶相的衍射峰强且尖锐,沿(140)晶面择优生长,说明此时的粉体结晶程度达到最佳,由此确定本实验的最优前驱液浓度为 $0.2\ mol\cdot L^{-1}$。

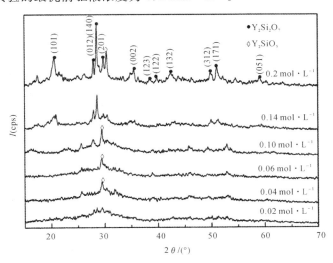

图 4-10　不同前驱液浓度条件下溶剂热制备粉体的 XRD 图谱
$c(Y^{3+})=0.20\ mol\cdot L^{-1}$, $t=40\ h$, $T=200\ ^\circ C$, pH$=5.28$,填充率$=60\%$

　　图4-11所示为不同前驱液浓度条件下所制备粉体的显微形貌。由图可以明显看出前驱液浓度对粉体的显微结构有很大的影响。所制备粉体的基本形貌以片状为主,这与图4-7的分析结果是一致的。随着前驱液浓度的降低,产物的尺寸呈现出逐渐减小的趋势。当前驱液浓度为 0.2 mol·L$^{-1}$ 时,粉体呈现出卡片状,并伴随有小片状结构;当前驱液浓度为 0.14 mol·L$^{-1}$ 时,卡片状结构消失,粉体呈现出均匀的薄片状结构;随着前驱液浓度进一步降低,薄片结构逐渐均一化,尺寸也由最初的大于 300 nm 逐步减小到小于 100 nm 的范围。特别是当前驱液浓度减小到 0.02 mol·L$^{-1}$ 时,产物形貌为更小的片状单元,由于尺寸较小,稍有团聚现象。

图4-11　不同前驱液浓度条件下溶剂热制备粉体的 SEM 相片
(a)0.2 mol·L$^{-1}$;(b)0.14 mol·L$^{-1}$;(c)0.10 mol·L$^{-1}$;
(d)0.06 mol·L$^{-1}$;(e)0.04 mol·L$^{-1}$;(f)0.02 mol·L$^{-1}$

由图 4-12 所示的 $Y_2Si_2O_7$ 粉体晶粒粒度与前驱液浓度的关系可以看出，随着前驱液浓度增大，晶粒粒度呈现出长大的趋势。粉体微观结构的这种变化可以用晶粒聚集生长理论来解释。在水热(溶剂热)条件下，晶粒的形成分为"成核准备""成核""晶粒聚集-相互作用-部分晶粒长大"和"生长"四个阶段。晶粒的尺寸主要由成核速率与生长速率共同决定。在反应时间充分长的情况下，晶粒的平均尺寸取决于体系中的成核数量。由于每一个晶粒对应一个晶核，反应初期，体系在相对较短的时间内能够形成更多的晶核。当前驱液浓度相对较低时，成核过程中消耗的大量金属 $Y^{3+}$ 得不到补充，反应过程中金属离子的浓度越来越低，晶核不具备继续长大的条件，因此得到粒度小的颗粒，同时结晶程度也相对较低，该结论与图 4-10 得到的结果完全一致。当前驱液浓度相对较大时，体系中的晶核在生长阶段为降低体系的总表面自由能而发生小尺度晶粒重结晶反应，物料从部分晶粒向另一部分晶粒转移，使得体系晶粒粒度逐渐增大，在图 4-11(a)中表现为小的片状结构转变为大卡片状结构。

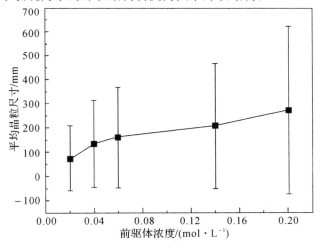

图 4-12　$Y_2Si_2O_7$ 粉体晶粒粒度与前驱液浓度的关系

### 4.4.6　最优工艺条件下溶剂热合成硅酸钇微晶的显微形貌

图 4-13 所示为最优工艺条件下制备 $Y_2Si_2O_7$ 粉体的显微形貌。由图 4-13(a)可以看出，产物的微观结构呈现出多种形貌。将其对应的相关区域放大观察后如图 4-14(a)(b)(c)(d)所示，产物呈现出长片状、圆片组装花簇状、花状及由棒状组装成的球状结构。这与粉体的 TEM 相片(见图 4-13(b))中得到的结果完全吻合。

　　根据溶剂热合成反应的特点,反应过程中容易形成中间态、介稳态。结合图4-13所示粉体的 SEM 可以推测出,产物中可能混合了反应过程中的多种存在状态,导致多种显微结构同时存在。

(a) (b)

图 4-13　最优工艺条件下制备粉体的 SEM 及 TEM 相片
(a)SEM;(b)TEM

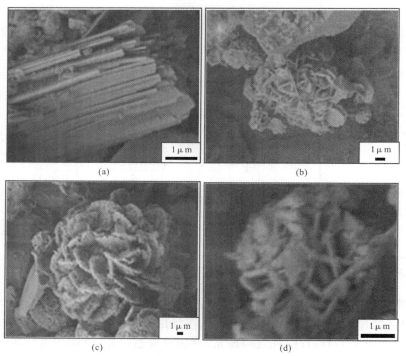

(a) (b)

(c) (d)

图 4-14　将图 4-13(a)中各区域放大后的 SEM 相片
(a)a 区域;(b)b 区域;(c)c 区域;(d)d 区域

依据研究无机材料的基本理论——"组成→结构→性能"之间的关系,可以推断出,对于具备多种显微结构的 $Y_2Si_2O_7$ 粉体的光学性能及生长机理方面的研究是很难开展的。因此,在晶体组成一定的条件下,控制其单一的显微形貌成为下一步研究工作的基础。依据颗粒的种类、尺寸、形貌特征的要求不同,可以选择在晶体生长的不同阶段实现对其形貌控制。想要制备尺寸均一的微晶,对其成核阶段的控制十分关键。必须在尽可能短的时间内降低成核所需克服的能量,使成核相对容易并且增加成核数量。

选用合适的表面活性剂可以改变晶体表面的化学性能,降低固液界面的张力,很好地控制形核过程。表面活性剂对于生长阶段的控制主要体现在作为结构导向剂促进晶体沿着某一晶面生长,或对某些活性面生长的抑制,从而控制晶体的显微形貌。在反应过程中,表面活性剂会被固相粒子吸附,从而产生渗透压效应和限制效应,随之产生的斥力使范德华力产生的吸附位能得以抵消,达到了阻止固相粒子相互靠近的效果,容易获得粒径较小的产物。表面活性剂种类的选择与用量直接影响产物的形貌,当表面活性剂用量过少时,不足以完全包裹粒子,由于表面活性剂的高分子长链对微粒起到搭桥作用,使微粒接触长大,所得产物粒径往往会大于不添加表面活性剂时;当加入表面活性剂量过大时,对生成的晶核会迅速包裹,会阻碍晶核的进一步生长,虽然可能获得尺寸更小的微粒,但由于晶核不能经历继续生长的过程,对结晶性能造成一定影响;只有选择合适的表面活性剂与适当的加入量,才能对生成的微粒起到有效包裹作用,既可以防止微粒的聚集长大,同时获得结晶性能良好具有一定显微形貌的产物。本实验在前期优化工艺条件的基础上,尝试采用不同表面活性剂,使 $Y_2Si_2O_7$ 粉体达到形貌可控。

## 4.5 不同表面活性剂对硅酸钇微晶相组成及显微形貌影响的研究

表面活性剂是一种能显著降低溶剂表面张力和液-液界面张力的物质,该物质同时具有亲水、疏水的性质,能起到乳化、润湿、分散、增溶、杀菌、柔软、抗静电、防腐蚀等一系列作用。表面活性剂的疏水基一般是由烃基构成,而亲水基种类繁多,因此其在性质上的差异,除了与烃基的形状和大小有关外,还与亲水基团的不同有关。表面活性剂以亲水基分类,通常分为离子型和非离子型两大类。离子型表面活性剂在水中电离形成带阳离子的疏水基团称为阳离子型表面活性剂;反之形成带阴离子的疏水基团称为阴离子型表面活性剂;在一个分子中阴离子基团与阳离子基团同时存在的称为两性表面活性剂;在水中不电离,呈电中性的称为非离子型表面活性剂。采用合适的表面活性剂,利用其吸附在粒子表面,对生成的粒子起到有效的稳定和防护作用,防止晶粒异常长大,同时对晶粒表面化学起到了改性的作用。通过选择表面活性剂在水相微区的形状,起到"模板"作用,从而得到各种不同显微形貌的粒子,如球形、棒状、碟状等。

### 4.5.1 不同表面活性剂条件下粉体的制备工艺

首先,将分析纯的 $Y(NO_3)_3 \cdot 6H_2O$ 和 $Na_2SiO_3 \cdot 9H_2O$ 以一定物质的量比分别溶于 5 mL 和 10 mL 无水乙醇中混合后,充分磁力搅拌 1 h,在混合溶液中加入与 $Y^{3+}$ 物质的量比为 1:1 的表面活性剂。不同表面活性剂分别为 (a)PEG4000、(b)柠檬酸、(c)EDTA、(d)乌洛托品、(e)PVP。充分混合均匀后用物质的量浓度为 3 mol·$L^{-1}$ 的 NaOH 水溶液调节上述溶液到 pH 值为 5.28,再超声反应 1 h,最后量取上述溶液,按填充度 60% 注入具有聚四氟乙烯衬里的不锈钢水热反应釜中,在 200℃ 的烘箱中反应 40 h 后将产物离心分离,经去离子水、乙醇反复冲洗,最后在 80℃ 烘干后得到粉体。

### 4.5.2 粉体的测试与表征

具体测试方法与表征参阅 4.4.1。

### 4.5.3 不同表面活性剂条件下所得粉体的晶相组成

图 4-15 所示是不同表面活性剂条件下溶剂热合成 $Y_2Si_2O_7$ 微晶的 XRD 图谱,反映了硅酸钇微晶的相组成随表面活性剂的不同而变化的情况。对照标准 JCPDS 卡片(42-0168)可知,添加不同表面活性剂所制备的 $Y_2Si_2O_7$ 微晶衍射峰的位置与之相吻合,表明产物是单斜晶系,空间群为 P21nb(33)的硅酸钇微晶。从图中可以看出除了少量的 $Y_2SiO_5$ 晶相,没有其他杂质产生,说明不同表面活性剂的添加并没有影响产物的纯度。采用 PEG4000、柠檬酸、EDTA 为表面活性剂,所得产物的晶相相似,只是以 EDTA 为表面活性剂时,在(101)及(140)晶面的衍射峰强度有所增强;当表面活性剂为乌洛托品时,其在(101)晶面的衍射峰几乎消失,其他晶面衍射峰强度变化不大;然而改变表面活性剂为 PVP 时,其在(101)晶面的衍射峰强而尖锐,其他晶面衍射峰几乎

消失,显示出其沿(101)晶面定向生长的择优取向,这说明,当选取 EDTA、乌洛托品及 PVP 为表面活性剂时,所得粉体均可能生长成为片状结构,或由片状结构组装而成的其他结构单元。

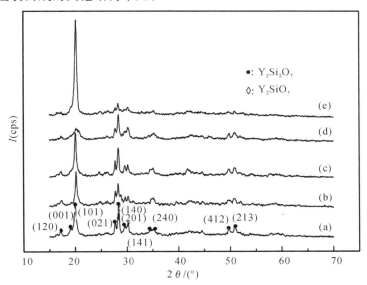

图 4-15　加入不同表面活性剂后溶剂热合成粉体的 XRD 图谱
(a)PEG4000;(b)柠檬酸;(c)EDTA;(d)乌洛托品;(e)PVP
$c(Y^{3+})=0.20\ mol\cdot L^{-1}$,$t=40\ h$,$T=200℃$,$pH=5.28$,填充率$=60\%$

图 4-16 所示为不同表面活性剂条件下溶剂热合成 $Y_2Si_2O_7$ 微晶的 SEM照片。对比图 4-13 可知,通过添加不同表面活性剂均可以制备出显微结构较为均一的硅酸钇微晶。以 PEG4000 为表面活性剂时,产物大部分为小的片状结构;以柠檬酸为表面活性剂时,产物的形貌为类球形,粒径较小,有团聚现象;当表面活性剂为 EDTA 时,产物的形貌变为纺锤形结构;改变表面活性剂为乌洛托品时,产物的形貌大部分为板状结构;当表面活性剂为 PVP 时,产物的形貌为单片与片状小颗粒组装成的粒径较大的球形结构。

不同表面活性剂的分子结构式如图 4-17 所示,按照种类划分,PEG4000与 PVP 属于非离子型表面活性剂,柠檬酸属于阴离子型表面活性剂,EDTA与乌洛托品均属与阳离子型表面活性剂。以产物呈现的微观结构划分,同类表面活性剂改性的产物形貌相似。

图 4 - 16　加入不同表面活性剂后溶剂热合成粉体的 SEM 图
(a)PEG4000;(b)柠檬酸;(c)EDTA;(d)乌洛托品;(e)PVP
$c(Y^{3+})=0.20\ mol\cdot L^{-1}$, $t=40\ h$, $T=200℃$, pH$=5.28$, 填充率$=60\%$

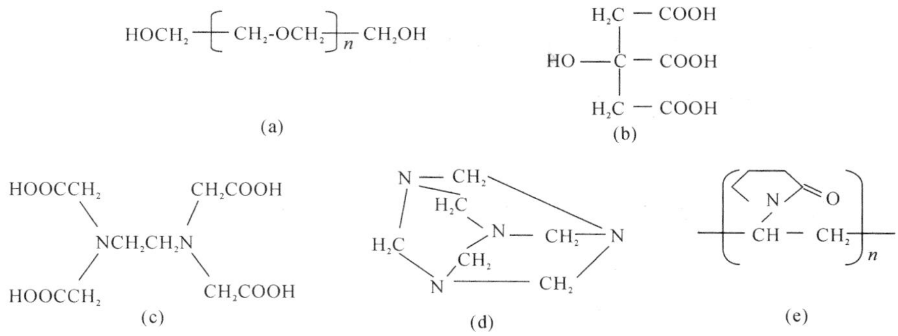

图 4-17　不同表面活性剂的分子结构式

(a)PEG4000；(b)柠檬酸；(c)EDTA；(d)冯洛托品；(e)PVP

对其形成机理进行初步分析，首先当采用乙醇为溶剂时，由于其黏度、极性等均不同于水溶液，从动力学角度讲，纳米晶在非水溶液中的生长和聚集速率都会减慢，使其有足够的时间转动以寻找具有更低能量的结构状态，从而择优生长为多种晶体形貌。阳离子型的 EDTA 与乌洛托品，根据墨菲的研究成果，—NH₂ 和 Y³⁺ 之间的相互作用或—NH₂ 可以选择性吸附在晶粒表面，相邻的被吸附的分子之间在空间上相互作用可以影响某一晶面的生长速率，从而得到特殊的产物形貌。

对于同属于非离子型的表面活性剂 PEG4000 与 PVP 而言，聚乙二醇为长链结构，只有醚键和羟基两种亲水基而无疏水基。显然，由单体 N-乙烯基吡咯烷酮(NVP)聚合成的线性高分子聚合物 PVP 具有更高活性。以 PVP 为表面活性剂控制 $Y_2Si_2O_7$ 颗粒的形貌包括两方面：①PVP 与 $Y^{3+}$ 之间的配位使 PVP 在乙醇溶剂中的构型由线型，折叠的线型逐渐转变为空间网络结构，这种构型的变化直接影响颗粒的形貌和尺寸；②当 PVP 的添加量小于 2.0% 时，颗粒表面不足以完全被 PVP 吸附，故不能形成空间位阻作用，绝大部分产物沿(101)晶面生长成为单片状，少部分沿(021)(140)等晶面形成结构相对不完整的片状小颗粒，最终形成由单片状与片状小颗粒组装成的较大球形颗粒。

## 4.6 不同溶剂对硅酸钇微晶相组成及显微形貌影响的研究

### 4.6.1 不同溶剂条件下粉体的制备工艺

将分析纯的 $Y(NO_3)_3 \cdot 6H_2O$ 和 $Na_2SiO_3 \cdot 9H_2O$ 以一定物质的量比分别溶于 5mL 和 10mL 不同溶剂(a)乙二醇、(b)乙醇＋油酸、(c)正己醇、(d)异丙醇和(e)正丁醇中。磁力搅拌 1 h 后,待原料充分溶解后混合均匀。用物质的量浓度为 3 mol·L⁻¹ 的 NaOH 水溶液调节上述溶液到 pH 值为5.28,再超声反应 1 h,最后量取上述溶液,按填充度 60% 注入具有聚四氟乙烯衬里的不锈钢水热反应釜中,在 200℃ 的烘箱中反应 40 h 后,将产物离心分离,经去离子水、乙醇反复冲洗数次,最后在 80℃ 烘干后得到粉体。

### 4.6.2 粉体的测试与表征

具体测试方法与表征参阅 4.4.1。

### 4.6.3 不同溶剂条件下所得硅酸钇微晶的晶相组成

图 4-18 所示为采用不同溶剂制备粉体的 X 射线衍射图谱。从图中可以看出,改变溶剂使产物的晶相发生明显变化。以正己醇、异丙醇、正丁醇为溶剂制备产物的衍射峰与 JCPDS 卡片(38-0440)相对应,表明得到的是 β-$Y_2Si_2O_7$ 微晶,属于 C2/m(12) 空间群。而用乙醇为溶剂时得到的为 δ-$Y_2Si_2O_7$,这一点从以乙醇＋油酸为溶剂条件下得到产物的衍射峰可以看出。当选用乙二醇为溶剂时,产物只是显示出非晶态,并没有 $Y_2Si_2O_7$ 晶相的特征衍射峰;当分别选用溶剂为乙醇＋油酸、正己醇、异丙醇、正丁醇时,产物除少量的 $Y_2SiO_5$ 晶相外,均出现了 $Y_2Si_2O_7$ 晶相的特征衍射峰,且当溶剂为正丁醇时,$Y_2Si_2O_7$ 晶相的特征衍射峰最为尖锐,在(201)晶面衍射峰强度最高,说明晶体在该晶面表现出明显的择优生长取向。由以上分析可知,采用不同的溶剂会导致粉体晶相的转变,其原因可能与不同溶剂具有不同的极性有关。

### 4.6.4 不同溶剂条件下所得硅酸钇微晶的显微形貌

图 4-19 所示是不同溶剂条件下溶剂热制备粉体的 SEM 相片,反映了不

同溶剂体系对粉体显微形貌的影响。由图 4-19(a)可以看出,当选用乙二醇作为溶剂时,产物为颗粒状,晶粒很小,且有很严重的团聚现象,基本没有规则形貌,说明此时的产物结晶性能较差,这与图 4-18 中 XRD 的分析结果相吻合。当以正己醇为溶剂时,产物呈现出明显的小片与大片共同组成的结构,以小片状结构为主要形貌;改变溶剂为异丙醇时,产物形貌仍为片状结构,只是此时各个片状单元尺寸较为均一,约为 200 nm;继续改变溶剂为正丁醇时,产物形貌重新出现小片与大片共存的结构,此时明显可以看出个别片状结构表现为异常长大,这可能是一部分小尺度颗粒聚集相互作用,发生重结晶所致。图4-19(e)是采用乙醇+油酸作为溶剂时产物的显微结构,此时的产物没有规则形貌,均为大尺寸的块体。可以推断出油酸在该体系中并没起到保护剂的作用,从而未能达到更好控制粉体形貌的效果。

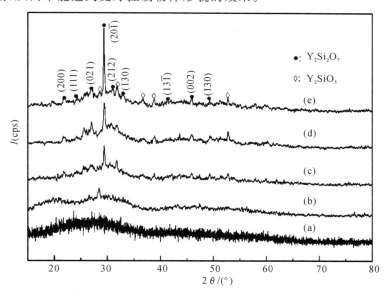

图 4-18　不同溶剂条件下溶剂热制备粉体的 XRD 图谱

(a)乙二醇;(b)乙醇+油酸;(c)正己醇;(d)异丙醇;(e)正丁醇

$c(Y^{3+})=0.20\ mol\cdot L^{-1}$, $t=40h$, $T=200℃$, $pH=5.28$, 填充率$=60\%$

基于不同溶剂中制备的产物表现出不同的显微结构,推测这可能是由于不同溶剂的黏度不同所造成的。溶液的黏度会直接影响溶质和晶核的扩散。在晶体生长过程中,溶质通过溶剂分子运动输送到晶体附近,通过扩散层到晶体表面,再借助扩散进入生长晶体的位置。根据爱因斯坦关于粒子在液体中扩散系数与布朗运动的关系：$x^2 = 2Dt = kTt/3\pi\eta r$（其中，$x$ 为扩散质点在 $t$ 时间内的平均位移，$D$ 是扩散系数，$T$ 为绝对温度，$\eta$ 为液体的黏度，$r$ 为质点的半径，$k$ 为波耳兹曼常数）可知，溶质粒子在溶剂中扩散的平均位移与溶剂的黏度呈反比。

图 4-19　不同溶剂条件下溶剂热制备粉体的 SEM 相片
(a)乙二醇；(b)正己醇；(c)正丁醇；(d)异丙醇；(e)乙醇＋油酸

当外界条件相同时,不同溶剂的黏度大小排序为乙醇＋油酸＞正丁醇＞异丙醇＞正己醇＞乙二醇。如果用单位时间内通过单位截面的质点数目(或物质的量数)来衡量,在反应初始阶段,黏度相对较小的溶剂会有利于成核。那么当选用乙二醇为溶剂时,晶粒更容易快速成核,随着溶质浓度的下降,不足以提供晶粒生长所需的浓度,晶核不能经历完整的生长过程,所以得到的只是非晶态产物。正己醇、异丙醇、正丁醇的黏度差别不大,所得到的产物形貌也都以片状为主。因为晶粒成核和生长并不是独立的两个过程,在成核阶段尚未完全结束时,部分晶核就已经进入生长阶段,因此,所得到的晶粒会有的粒度大,有的粒度小,具有一定的粒度分布范围,这点在以异丙醇为溶剂的体系中更为明显。对于乙醇＋油酸的体系,由黏度相对较小的乙醇与黏度较大的油酸的混合溶剂,二者的混合比例也会有很大影响。油酸在介质中对颗粒的分散与团聚行为主要受颗粒表面与油酸作用形式及介质性质的影响。由于在实验中,油酸的浓度较低,不能完全覆盖于粒子表面(油酸是一种末端羧基和十八碳且无支链的长链),这将使得吸附在颗粒某一表面的高分子长链有可能同时黏附于另一个质点的未被覆盖的比表面,从而导致两个或多个质点以桥联的方式拉在一起,引起絮凝,所以该体系中油酸的作用更容易形成团聚体。

## 4.7 不同络合剂对硅酸钇微晶相组成及显微形貌影响的研究

络合剂是一种能与金属离子以配位键的形式络合形成化合物的物质。其作用原理是与金属离子形成常温稳定的络合物,在适当的温度、压力和 pH 值条件下,金属离子被重新释放出来,与溶液中的氢氧根离子或外加沉淀剂发生反应生成沉淀,经过进一步处理后得到金属离子化合物的相关产物。络合剂的络合与解离之间的可逆反应存在的平衡常数称为稳定常数。稳定常数越低,络合物解离的金属离子越多;稳定常数越高,络合物解离的金属离子越少,甚至不解离。对于适合络合剂的选用是相当重要的,一般会按照使用条件和络合剂的性质加以优选,特别是从使用温度、溶液的 pH 值、水解敏感性及络合的金属离子的价态等方面予以统筹考虑。针对本实验,就成本而言,高分子有机酸类成本较低,且这类络合物几乎是无污染的化学物质,可生物降解。此类络合剂的稳定常数一般随温度升高而下降,但影响范围不大,那么温度效应可以忽略。基于以上几方面考虑,最终选用 EDTA 与柠檬酸作为实验用络合剂。

### 4.7.1　采用不同络合剂条件下粉体的制备工艺

将分析纯的 $Y(NO_3)_3 \cdot 6H_2O$ 和 $Na_2SiO_3 \cdot 9H_2O$ 以一定物质的量比分别溶于 5 mL 和 10 mL 无水乙醇中。将 EDTA 以一定的物质的量比含量加入到溶有硝酸钇的乙醇溶液中,(柠檬酸络合同上),磁力搅拌 1 h,使络合剂与 $Y^{3+}$ 充分络合后将溶有硅酸钠的乙醇溶液逐滴加入到上述溶液中。用物质的量浓度为 3 mol·$L^{-1}$ 的 NaOH 水溶液调节上述混合液 pH 值为5.28,再超声反应 1 h,最后量取上述溶液,按填充度60%注入具有聚四氟乙烯衬里的不锈钢水热反应釜中,在 200℃的烘箱中反应 40 h 后,将产物离心分离,经去离子水、乙醇反复冲洗数次,最后在 80℃烘干后得到粉体。

### 4.7.2　粉体的测试与表征

具体测试方法与表征参阅 4.4.1。

### 4.7.3　不同络合剂条件下制备硅酸钇微晶的晶相组成

图 4-20 所示为分别采用 EDTA 与柠檬酸为络合剂,按照络合剂与 $Y^{3+}$ 的不同物质的量比制备的 $Y_2Si_2O_7$ 微晶的 XRD 图谱。由图可以明显看出,当采用 EDTA 为络合剂时,改变络合剂与 $Y^{3+}$ 物质的量比均不能得到 $Y_2Si_2O_7$ 微晶,衍射峰均显示为非晶的馒头峰。这可能是 EDTA 作为络合剂的稳定常数受 pH 值的影响很大所致。当 pH 值为 5.28,或者趋向于中性时,EDTA 与 $Y^{3+}$ 稳定络合,在反应过程中,没有足量的金属 $Y^{3+}$ 被释放出来,从而阻碍了反应的顺利进行,得到的产物表现为非晶态。当选用柠檬酸为络合剂时,改变柠檬酸与 $Y^{3+}$ 的物质的量比,均出现了强度高且尖锐的 $Y_2Si_2O_7$ 晶相的衍射峰,除少量的 $Y_2SiO_5$ 晶相外,没有其他杂相产生,说明粉体较为纯净且结晶程度好。X 射线的衍射结果与 JCPDS 卡片(42-0168)δ-$Y_2Si_2O_7$ 的特征衍射峰相吻合。然而通过对比图(见图 4-21)可知,以柠檬酸为络合剂条件下得到的产物与未采用任何络合剂条件下得到产物的特征衍射峰取向性有明显不同。当未采用络合剂时,产物沿(140)有明显的择优生长取向;当采用柠檬酸辅助络合时,(211)晶面衍射峰强度远高于其他晶面的衍射峰,同时(140)晶面衍射峰强度明显减弱,这说明产物由沿(140)晶面取向生长转变为沿(211)晶面取向生长的趋势。在物相组成相同的情况下,取向生长晶面的变化预示着产物的微观形貌也会有相应改变。

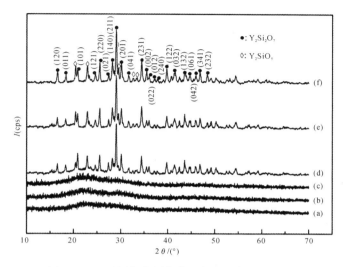

图 4-20　不同络合剂条件下制备粉体的 XRD 图谱

（a）EDTA 与 $Y^{3+}$ 的物质的量比为 0.75:1；（b）EDTA 与 $Y^{3+}$ 的物质的量比为 1:1；

（c）EDTA 与 $Y^{3+}$ 的物质的量比为 1.25:1；（d）EDTA 与 $Y^{3+}$ 的物质的量比为 0.75:1；

（e）柠檬酸与 $Y^{3+}$ 的物质的量比为 1:1；（f）柠檬酸与 $Y^{3+}$ 的物质的量比为 1.25:1

$c(Y^{3+})=0.20\ mol\cdot L^{-1}$，$t=40\ h$，$T=200℃$，pH=5.28，填充率=60%

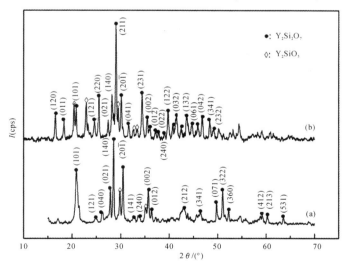

图 4-21　采用络合剂与未采用络合剂条件下粉体的 XRD 图谱

（a）未采用络合剂；（b）采用络合剂

$c(Y^{3+})=0.20\ mol\cdot L^{-1}$，$t=40\ h$，$T=200℃$，pH=5.28，填充率=60%

### 4.7.4 不同柠檬酸配比条件下制备硅酸钇微晶的晶相组成及显微形貌

图 4-22 所示是以不同物质的量配比的柠檬酸为络合剂条件下所得粉体的 SEM 相片。从图中可以看出随着柠檬酸含量的增加,产物的显微形貌有明显变化。当 $Y^{3+}$ 与柠檬酸的物质的量比为 1∶0.25 时(见图 4-22(a)),产物为不规则的颗粒状,且发生严重团聚;增加柠檬酸的物质的量含量到 1∶0.5 时(见图 4-22(b)),产物呈现出纤维状,由图(4-22(c))观察到,纤维的粒径分布较不均匀,直径基本大于 200 nm;继续增加柠檬酸的物质的量含量到 1∶0.75时(见 4-22(d)),产物仍保持纤维状,但分布均匀,直径明显变细,控制在 100 nm 以内;产物形貌变化的转折点出现在 $Y^{3+}$ 与柠檬酸的物质的量比为 1∶1时,此时产物形貌为微球结构(见图 4-22(e))。将微球放大后观察(见图 4-22(f))得到其显微结构是由纳米纤维由内向外辐射生长自组装形成的,纤维具有一定取向性,粒径分布均匀(见图 4-22(f));继续增加柠檬酸的物质的量含量到 1∶1.25,产物保持着微球的显微形貌(见图 4-22(h)),但微球的直径从 300 $\mu m$(见图 4-22(e))下降 50 $\mu m$ 左右,形状趋近于不规则的球形,从放大后的相片(见图 4-22(i))可以看出,组成微球的纤维排列较为无序,大部分纤维的末端粘接在一起;当柠檬酸的物质的量含量增加到 1∶1.5 时(见图 4-22(j)),微球结构消失,产物的形貌重新变为颗粒状,与图 4-22(a)中产物形貌不同的是,此时的颗粒粒径较小,且分布均匀,特别是可以观察到少量的纤维存在,由此可以初步推断纳米纤维的形成是由晶粒沿着某个晶面取向生长相互连接形成的。当柠檬酸增大到一定含量时,该晶面方向的取向生长得到抑制,产物形貌重新调整为原始的组元结构;改变 $Y^{3+}$ 与柠檬酸的物质的量比为 1∶1.75(见图 4-22(k)),产物中的颗粒尺寸对比图 4-22(i)有所变大,且有明显的团聚现象,仍伴有少量的纤维共存。

### 4.7.5 柠檬酸辅助络合溶剂热制备硅酸钇微球的机理初探

图 4-23 所示为一些没有生长完全的微球扫描电镜照片,便于对微球内部结构及生长机理的分析。从图中可以看出,纳米纤维自组装形成的硅酸钇微球表现为实心结构。纳米纤维呈现出从球心开始向外辐射的生长趋势,在球体内部,纤维与纤维之间结合紧密、排列有序;但靠近球体表面处,纤维与纤维之间的距离较为稀疏,近似表现为毛刺状分形的结构。

图 4-22 $Y^{3+}$ 与柠檬酸不同物质的量配比条件下所得粉体的 SEM 相片

(a)$Y^{3+}$ 与柠檬酸的物质的量比为 1:0.25;(b) $Y^{3+}$ 与柠檬酸的物质的量比为 1:0.5;

(c) (b)图中 A 区域大倍数照片;(d)$Y^{3+}$ 与柠檬酸的物质的量比为 1:0.75;

(e) $Y^{3+}$ 与柠檬酸的物质的量比为 1:1;(f)(g) (e)图的大倍数照片;

(h)$Y^{3+}$ 与柠檬酸的物质的量比为 1:1.25;(i) (h)图的大倍数照片;

(j)$Y^{3+}$ 与柠檬酸的物质的量比为 1:1.5;(k)$Y^{3+}$ 与柠檬酸的物质的量比为 1:1.75

$c(Y^{3+})=0.20 \text{ mol} \cdot L^{-1}$, $t=40$ h, $T=200℃$, pH$=5.28$,填充率$=60\%$

对于微球形成机理的分析主要从两个方面展开:①柠檬酸络合作用对产物形貌的作用机制;②异质形核与取向连生的协同作用对产物形貌的作用机制。

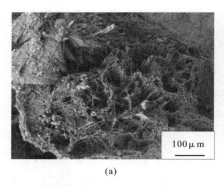

(a)                                (b)

图 4-23　未生长完全的微球的 SEM 相片((b)图为(a)图局部放大的相片)

由于柠檬酸可提供配位的羧基官能团较多,所以存在以下三种配位形式,分别为单齿、双齿架桥与双齿螯合,见图 4-24。羧酸根阴离子与金属离子不同的配位形式决定了双齿配合会产生网络状结构,单齿配合容易形成线性构型。前驱体具体配位形式由 RCOO⁻ 反对称与对称吸收峰差值 $\Delta(\Delta = V_a - V_s)$ 大小决定,双齿螯合配位时,$\Delta$ 值比游离 RCOO⁻ 的 $\Delta$ 值小;双齿架桥配位时,$\Delta$ 值与游离 RCOO⁻ 的 $\Delta$ 值相似;单齿配位时,$\Delta$ 值比游离 RCOO⁻ 的 $\Delta$ 值大。根据红外光谱(见图 4-25)的数据可知,前驱体的 $\Delta$ 值为 239.76 cm⁻¹,大于柠檬酸的 $\Delta$ 值 196 cm⁻¹,因此可以推测柠檬酸与金属 $Y^{3+}$ 是单齿配位形式,易于得到一种线性分子结构。柠檬酸是弱酸,在水溶液中,在不同 pH 值条件下存在着三级解离平衡,电离平衡常数分别为 $K_{a_1} = 7.4 \times 10^{-3}$, $K_{a_2} = 1.7 \times 10^{-3}$, $K_{a_3} = 4.0 \times 10^{-3}$。同时溶液中存在的 4 种离子(或分子)分别为 $H_3Cit$, $H_2Cit^-$, $HCit^{2-}$, $Cit^{3-}$。当 pH 值在 1~3 范围内时,溶液中大部分柠檬酸没有充分电离,此时 $H_3Cit$ 分子浓度很高;当 pH 值在 3~4 范围内时,溶液中随着柠檬酸的进一步离解,$H_2Cit^-$ 浓度达到最大;当 pH 值在 5~6 范围内时,$HCit^{2-}$ 浓度最大;直到增大 pH 值到 7~14 范围内,溶液中柠檬酸主要以 $Cit^{3-}$ 的形式存在。

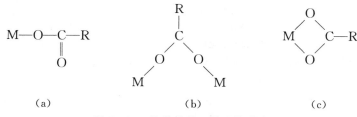

(a)                     (b)                     (c)

图 4-24　柠檬酸的三种配位形式

(a)单齿;(b)架桥;(c)双齿螯合

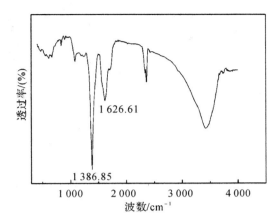

图 4-25　前驱体的红外光谱图

采用本实验中的最佳工艺条件调节前驱液 pH 值为 5.28,那么柠檬酸在该条件下主要以 $HCit^{2-}$ 形式存在,柠檬酸电离出两个氢离子,$Y^{3+}$ 与相邻的两个柠檬酸分子上的羧基发生络合,形成线性络合物,其结构式如图 4-26 所示。

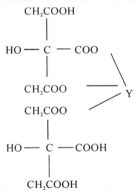

图 4-26　柠檬酸络合前驱体的分子式结构

具体到本实验中,当柠檬酸以络合剂的形式包裹在 $Y^{3+}$ 表面时,在母相中已经存在固相颗粒,即在与硅酸钠溶液充分混合前,前驱液以悬浮液形式存在。此时晶体的形核原理符合 Turnbull 提出的异质形核理论,如图 4-27 所示。假定界面能在各向同性的条件下,凹面处形成晶核的形核能最小,形核最容易;凸面处形成的晶核的形核能最大,形核最困难。

这说明单位时间内体系中形成晶核的数目取决于母相中固相颗粒基底的表面形貌及形核基底的数量。当柠檬酸与 $Y^{3+}$ 的物质的量配比小于 1:1 时,前驱液中没有足够的柠檬酸分子与 $Y^{3+}$ 络合,体系中存在着游离的 $Y^{3+}$ 及

YHCit$^+$（柠檬酸解离为 HCit$^{2-}$ 后与 Y$^{3+}$ 络合），形核基底相对较少；当柠檬酸与 Y$^{3+}$ 的物质的量配比等于 1:1 时，体系中的柠檬酸与 Y$^{3+}$ 正好完全络合，所以大量存在的是 YHCit$^+$，这时形核基底数量最多；当柠檬酸与 Y$^{3+}$ 的物质的量配比大于 1:1 时，体系中的柠檬酸明显过量，此时除了 YHCit$^+$ 外，同时会有柠檬酸分子，解离后的柠檬酸根等存在，使体系的形核环境变得复杂。

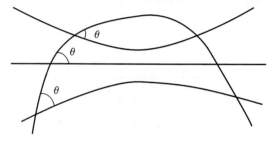

图 4-27　不同衬底界面形貌对形核行为的影响

在溶剂热反应初期，前驱物在系统中充分溶解，很快完成成核结晶过程，该过程的主要特点是高指数晶面的显露，晶粒的表面能增大，容易出现团聚和取向连生现象。晶粒的团聚是以高能面连接的方式降低表面能，而取向连生通常是以生长速率快的晶面互相连接的方式进行生长。因此，晶粒的团聚和取向连生共同决定了产物的最终形貌。由文献的前期研究成果可知，对于纳米纤维来说，各个晶面的生长速率为 R(001)>R(110)>R(111)，那么对应本实验，结合 X 射线衍射数据（见图 4-28）可知，(211)晶面的能量较高，而(140)(220)等晶面具有较低的能量，是稳定的晶面。在能量较低的稳定晶面上，晶粒取向连生，以相互连接的方式逐步形成纤维（见图 4-29(a)）。与此同时，这些纤维在(211)高能晶面族相互连接，导致了 Y$_2$Si$_2$O$_7$ 纤维的团聚，然而球体结构具有最小的表面张力，依据界面能最小原理，纤维通过相互连接最终会自组装为球状结构（见图 4-29(b)）。在逐步形成球形微晶的过程中，相邻的 Y$_2$Si$_2$O$_7$ 纤维是以(211)晶面族配相附生，晶粒的配相附生是晶粒之间按一定几何结晶学取向互联结在一起。在这两个过程共同影响下，最终形成实心狭缝状孔道微球状结构。由于 Y$_2$Si$_2$O$_7$ 纤维的不充分团聚，导致产物除了具有球型结构外，同时伴有半球及凹形球等未完全生长的结构（见图 4-22(e)）。

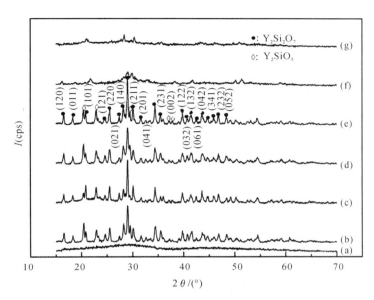

图 4 - 28　Y³⁺ 与柠檬酸不同物质的量配比条件下粉体的 XRD 图谱

(a)Y³⁺ 与柠檬酸的物质的量比为 1:0.25;(b) Y³⁺ 与柠檬酸的物质的量比为 1:0.5;
(c)Y³⁺ 与柠檬酸的物质的量比为 1:0.75;(d)Y³⁺ 与柠檬酸的物质的量比为 1:1;
(e)Y³⁺ 与柠檬酸的物质的量比为 1:1.25;(f)Y³⁺ 与柠檬酸的物质的量比为 1:1.5;
(g)Y³⁺ 与柠檬酸的物质的量比为 1:1.75;

$c(Y^{3+})=0.20\ \mathrm{mol\cdot L^{-1}}$, $t=40\ \mathrm{h}$, $T=200\ ℃$, pH=5.28, 填充率=60%

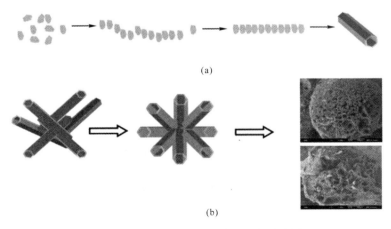

图 4 - 29　纳米纤维和微球的生长示意图
(a)纳米纤维;(b)纳米微球

# 4.8 本 章 小 结

1)采用溶剂热法制备的焦硅酸钇 $\delta - Y_2Si_2O_7$ 微晶属于 $p2_1nb/(33)$ 空间群,单斜结构。最佳合成工艺条件为:溶剂热温度 $T = 200\,^\circ\!C$,溶剂热时间 $t = 40\ h$,前驱液 pH $= 5.28$,前驱液浓度 $c = 0.2\ mol \cdot L^{-1}$。

2)选用不同的溶剂及表面活性剂均对产物的物相组成与显微结构有很大的影响。以柠檬酸为络合剂,当 $Y^{3+}$ 与柠檬酸的物质的量比为 $1:0.25$ 时,产物为不规则的颗粒状,且发生严重团聚;增加柠檬酸的物质的量含量到 $1:0.5$ 时,产物呈现出纤维状,当 $Y^{3+}$ 与柠檬酸的物质的量比为 $1:(1\sim1.25)$ 时,产物表现为由纤维自组装形成的微球。当 $Y^{3+}$ 与柠檬酸的物质的量比为 $1:(1.5\sim1.75)$ 时,微球结构消失,产物的形貌重新变为颗粒状。

# 参 考 文 献

[1] 赵彦钊,程爱菊,王莉. 熔盐法合成钴蓝颜料及其性能研究[J]. 中国陶瓷,2010,46(8):10-12.

[2] 邱春喜,姜继森,赵振杰,等. 固相法制备 $\alpha - Fe_2O_3$ 纳米粒子[J]. 无机材料学报,2001,16(5):954-960.

[3] 冯杰,曹洁明,邓少高,等. 纳米结构羟基磷灰石的微波固相合成新方法[J]. 无机化学学报,2005,21(6):801-803.

[4] 邵桂妮,李锟. 溶胶-凝胶法制备金银合金纳米线阵列[J]. 稀有金属,2009,33(6):841-845.

[5] BABADUR H, SRIVASTAVA A K, HARANATH D, et al. Nano - structured ZnO films by sol - gel process[J]. Indian Journal of Pure & Applied Physics, 2007, 45:395-399.

[6] 杨桂琴,韩云芳,侯文祥,等. 液相法制备钴蓝颜料的性能及动力学研究[J]. 硅酸盐学报,2001,29(6):543-545.

[7] 腾洪辉,徐淑坤,王猛. 微乳液法合成不同维度氧化锌纳米材料及其光催化活性[J]. 无机材料学报,2010,25(10):1035-1039.

[8] PORRAS M, SOLANS C, GONZALES C, et al. Studies of formation of W/O nano - emulsions[J]. Colloids and Surfaces A:Physicochem.

Eng. Aspects, 2004, 249: 115 – 118.

[9] 汤睿,张昭,杨晓娇,等. 溶剂热合成分级叶片簇状纳米氧化铝[J]. 无机化学学报,2011,27(2):251 – 258.

[10] 张浩,刘军,王立秋,等. 溶剂热结晶 FeS₂ 及其光吸收特性[J]. 人工晶体学报,2009,38(1):79 – 82

[11] MA S Q, SUN D F, YUAN D Q. Preparation and gas adsorption studies of three mesh – adjustable molecular sieves with a common structure [J]. Journal of the American Chemical Society, 2009, 131 (18): 6445 – 6451.

[12] FAN J, YU C Z, LEI J. Low – temperature strategy to synthesize highly ordered mesoporous silicates with very large pores [J]. Journal of the American Chemical Society, 2005, 127(31): 10794 – 10795.

[13] YATES M Z, OTT K C, BIRNBAUM E R, et al. Hydrothermal synthesis of molecular sieve fibers: using microemulsions to control crystal morphology [J]. Angewandte Chemie International Edition, 2002, 41(3): 476 – 478.

[14] FU L S, XU Q H, ZHANG H J, et al. Preparation and luminescence properties of the mesoporous MCM – 418 intercalated with rare earth complex [J]. Materials Science and Engineering, 2002, 88 (1): 68 – 72.

[15] YUN W F, YU J H, LI Y. Synthesis and characterization of a new layered aluminophosphate [Al₃P₄O₁₆] (CH₃)₂ NHCH₂CH₂NH [(CH₃)₂][H₃O][J]. Journal of Solid State Chemistry, 2002, 167(2): 282 – 288.

[16] 朱春阳,白音孟和,刘新,等. 微孔[MeN]₂HgGe₄S₁₀ 的溶剂热合成与表征[J]. 化学学报,2006,64(5): 371 – 374.

[17] LIAO C H, CHANG P C, KAO H M, et al. Synthesis, crystal structure and solid – state NMR spectroscopy of a salt – inclusion stannosilicate [Na₃F][SnSi₃O₉][J]. Inorganic Chemistry, 2005, 44 (25): 9335 – 9339.

[18] 高珊,谷景华,张跃. 溶剂热法制备铝掺杂的氧化锌透明导电薄膜[J]. 无机化学学报,2010,26(1):55 – 60.

[19] 范俊奇,周正基,周文辉,等. $TiO_2/CuInS_2$ 复合纳米棒阵列的制备及其光电性能[J]. 无机材料学报,2012,27(1):49-53.

[20] COLLADO C, GOGLIO G, DEMAZEAU G, et al. Photoluminescence of GaN microcrystallites prepared by a new solvothermal process[J]. Material Research Bulletin, 2002, 37(5): 841-848.

[21] JIA D X, DAIJ, ZHU Q Y, et al. Synthesis, crystal structure and thermoanalyses of thiostannates $[Ni(en)_3]_2 Sn_2 S_6$ and $[Ni(dien)_2]_2 Sn_2 S_6$ [J]. Polyhedron, 2004(23): 937-942.

[22] JIA D X, DAI J, ZHU Q Y, et al. Solvothermal synthesis and characterization of thiostannates $[Ni(en)_3]_2 Sn_2 S_6 (M=Mn, Co, Zn)$, the influence of metal ions on the crystal structure [J]. Zeitschrift fur Anorganische and Allgemeine Chemie, 2004, 630: 313-318.

[23] 白音孟和,叶玲,季首华,等. 层状 $MAgTe S_3 (M=K, R_6)$ 的溶剂热合成与表征 [J]. 化学学报,2005,63(19):1829-1833.

[24] 邓飞,黄剑峰,曹丽云,等. 硅酸钇材料的研究进展 [J]. 宇航材料工艺,2006,4(6):1-4.

[25] 王海华. 掺铒硅酸钇晶体中光脉冲中信息的相干控制[D]. 长春:吉林大学,2008.

[26] MICHAEL E F. High-pressure rare earth disilicates $RE_2 Si_2 O_7 (RE= Nd,$ Sm, Eu, Gd) [J]. Journal of Solid State Chemistry, 2001, 161: 166-172.

[27] MONTEVERDE F, CELOTTI G. Structural data from X-ray powder diffraction for new high-temperature phases $(Y_{1-x} Ln_x)_2 Si_2 O_7$ with $Ln = Ce$, Pr, Nd [J]. Journal of the European Ceramic Society, 2002, 22: 721-730.

[28] 庞辉勇,赵广军,介明印,等. 硅酸钇晶体的生长、腐蚀形貌和光谱性能研究[J]. 人工晶体学报,2005,34(3):421-424.

[29] BECERRO A I, NARANJO M, PERDIGON A C, et al. Hydrothermal chemistry of silicates: low-temperature synthesis of y-yttrium disilicate [J]. Journal of the American Ceramic Society, 2003, 86(9): 1592-1594.

[30] 付海利. 水热合成硅酸盐荧光粉[D]. 西安:陕西师范大学,2008.

[31] 冯若,赵逸云. 声化学:一个引人注目的新的化学分支[J]. 自然杂志,

2004，26(3)：160－163.

[32] COETSEE E，TERBLANS J J，SWART H C. Characteristic properties of $Y_2SiO_5$：Ce thin films grown with PLD[J]. Physica B，2009，404：4431－4435.

[33] SUN S K，HYUN P D，GON Y J，et al. Luminescence of pulsed laser deposited $Y_2SiO_5$：$Tb^{3+}$ thin film phosphore on flat and corrugated quartz glass substrates[J]. Japanese Journal of Applied Physics Part 1，2005，44(4)：1787－1791.

[34] 俞仙妙，黄莉蕾，付晏彬，等. $Y_2SiO_5$：$Eu^{3+}$ 纳米荧光粉的光谱特性研究[J]. 中国计量学院学报，2005，16(4)：317－321.

[35] LI X J，JIAO H，WANG X M，et al. $Y_2SiO_5$：$Ce^{3+}$ particle growth during sol－gel preparation[J]. Journal of Rare Earths，2010，28(4)：504－508.

[36] JIAO H，WEI L Q，ZHANG N，et al. Melting salt assisted sol－gel sythesis of blue phosphor $Y_2SiO_5$：Ce[J]. Journal of the European Ceramic Society，2007，27：185－189.

[37] 焦恒，廖复辉，周晶晶，等. 稀土元素掺杂对 $Y_2SiO_5$：$Y_2SiO_5$：Tb 发光性能的影响[J]. 中国稀土学报，2004，22(6)：849－853.

[38] HUANG J F，ZENG X R，LI H J，et al. SiC/yttrium silicate/glass multi－layer oxidation protective coating for carbon/carbon composites[J]. Carbon，2004，42(11)：2356－2359.

[39] HUANG J F，ZENG X R，LI H J，et al. SiC/yttrium silicate multi－layer coating for oxidation protection of carbon/carbon composites[J]. Journal of Materials Science，2004，39(24)：7383－7385.

[40] HUANG J F，LI H J，ZENG X R. Yttrium silicate oxidation protection coating for SiC coated carbon/carbon composites [J]. Ceramics International，2006，32(4)：417－421.

[41] LU S，ZHANG J. The luminescence of nanoscale $Y_2Si_2O_7$：$Eu^{3+}$ materials[J]. Journal of Nanoscience and Nanotechnology，2010，10(3)：2152－2155.

[42] COPEL M，CARTIER E，NARAYANAN V，et al. Characterization of silicate/Si(001) interfaces[J]. Applied Physics Letters，2002，81

(22)：4227－4229.

[43] 施尔畏. 水热结晶学[M]. 北京：科学出版社,2004.

[44] 徐如人,庞文琴. 无机合成与制备化学[M]. 北京：高等教育出版社,2001.

[45] MURPHY C J. Nanocubes and nanoboxes [J]. Science，2002(298)：2139－2141.

[46] CAO A M, HU J S, LIANG H P. Self － assembled vanadium pentoxide （$V_2O_5$） hollow microspheres from nanorods and their application in lithium ion batteries [J]. Angewandte Chemie International Edition，2005，44：4391－4395.

[47] 尹兆益,宁成云,郑华德,等. PVP 为模板控制合成纳米羟基磷灰石及其机理[J]. 功能材料,2009,6(40):1042－1045.

[48] 沈一丁. 高分子表面活性剂[M]. 北京：化学工业出版社. 2002.

[49] 冯胜雷,梁辉,王科伟,等. Pechini 法制备 $LiCoO_2$ 机理的研究[J]. 无机材料学报,2005,20(4):976－980.

[50] 黄祥平,王昭,张昌远,等. 二氧化钛纳米棒自组装微米球的制备、性能及其生长机理[J]. 材料科学与工程学报,2009,27(5):709－712.

[51] 汤睿,张昭,杨晓娇,等. 溶剂热合成分级叶片簇状纳米氧化铝[J]. 无机化学学报,2011,27(2):251－258.

[52] 李竟先,吴基球. $TiO_2$ 纳米颗粒水热法制备研究进展及反应机理的初步研究[J]. 中国陶瓷工业,2001,8(6):29－33.

# 第 5 章
# 水热电泳沉积法制备硅酸钇外涂层的研究

硅酸钇以其优异的高温性能被认为是理想的抗氧化涂层材料。但是,涂层的制备工艺也是设计思想能够得到实施的关键因素。本书关于硅酸钇抗氧化涂层制备方法上的突破在绪论中已经说明,但是这些新型制备方法同样存在一些不足。例如,等离子喷涂工艺相对复杂,且等离子喷涂的粉体合成十分困难,同时喷涂过程需要消耗大量粉体;涂层的喷涂效率受到设备与粉体形状等诸多因素的控制。原位反应法在方法上相对比较简便,但是通常混合单质硅与金属氧化物,且需要在一定温度与氧化气氛下对涂层预氧化,所以导致涂层的物相组成会以多种晶相存在,会引起内外涂层热膨胀系数的差异。为克服上述合成方法的缺点,本书提出一种简单、高效且低成本的水热电泳沉积技术。该技术利用水热法和电泳沉积法的相互作用,在相对温和环境中使目标带电颗粒电泳迁移到基体。该法易在复杂的表面和多孔的基体上获得致密而均匀的涂层,制备温度低且不需要后期晶化处理,从而在一定程度上避免了后期热处理过程中导致的晶粒长大、粗化或卷曲等缺陷。在此过程中,内外涂层间可能会发生某些元素的相互渗入或以化学键结合,有助于提高涂层的结合强度。因此,系统地研究水热电泳沉积硅酸钇外涂层的制备工艺、显微结构、性能及其他影响因素,对提高涂层的抗氧化性能具有指导意义。本章从水热温度、沉积电压、沉积电流密度、热处理温度等方面研究工艺因素对水热电泳沉积硅酸钇抗氧化涂层的影响。

## 5.1 硅酸钇外涂层的制备

### 5.1.1 实验原料和仪器

(1)实验原料。

本实验所选用的化学试剂见表 5-1。

#### 表 5 - 1    实验用原料一览表

| 试　剂 | 生产厂家 | 纯　度 |
|---|---|---|
| 硝酸钇 | 天津市福晨化学试剂厂 | 分析纯≥99％ |
| 硅酸钠 | 中国医药(集团)上海化学试剂 | 分析纯≥99％ |
| 氢氧化钠 | 天津市福晨化学试剂厂 | 分析纯≥99％ |
| 异丙醇 | 西安化学试剂厂 | 分析纯≥99％ |
| 碘 | 中国医药(集团)上海化学试剂 | 分析纯≥99％ |
| 无水乙醇 | 西安化学试剂厂 | 分析纯≥99％ |

（2）实验仪器。

本实验中所需的实验仪器见表 5 - 2。

#### 表 5 - 2    实验用仪器一览表

| 仪器名称 | 生产厂家 |
|---|---|
| 9075A 型电热鼓风干燥箱 | 上海一恒科技有限公司 |
| HGXSL 箱式电阻炉 | 咸阳华光窑炉设备有限公司 |
| KQ5200DE 型数控超声波清洗器 | 昆山市超声仪器有限公司 |
| NO.52873 型万分之一数显电子分析天平 | 上海实验仪器有限公司 |
| 85 - 2 数显恒温磁力搅拌器 | 上海浦东物理光学仪器厂 |
| SHZ - 3 型循环水真空泵 | 河南省巩义市英峪仪器厂 |
| WJT15003D 型直流电源 | 深圳市麦创电子科技有限公司 |
| MPS - 3003L - 3 型直流电源 | 深圳市麦创电子科技有限公司 |
| 水热釜 | 武汉泰格斯科技发展有限公司 |
| 可控硅温度控制器 | 上海实验电炉厂 |
| YM - 2A 型金相试样预磨机 | 上海金相机械设备有限公司 |
| 金相试样抛光机 | 上海金相机械有限公司 |
| SYJ - 160 低速金刚石切割机 | 沈阳科晶设备制造有限公司 |

（3）涂层沉积装置（见图5-1）。

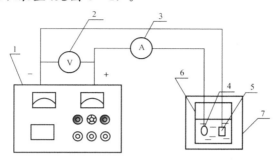

图5-1　水热电泳沉积装置示意图

1—直流稳压电源；2—电压表；3—电流表；4—石墨电极（阳极）；
5—C/C试样（阴极）；6—水热釜；7—电热干燥箱

### 5.1.2　涂层的制备工艺

称取声化学沉淀法制备的硅酸钇粉体 3 g 后悬浮于 150 mL 异丙醇中，先磁力搅拌 24 h，再超声波振荡 15 min，随后加入 0.09 g 碘，其浓度为 0.6 g/L，再经过 24 h 磁力搅拌，制备成硅酸钇悬浮液。选用 C/C - SiC(10 mm×10 mm×15 mm)复合材料作为沉积基体，其中 SiC 内涂层采用包埋法制备。将基体用超声波清洗 10 min 后，放入 100℃的烘箱，烘干 2 h 后待用；将基体固定于阴极，阳极选用石墨板；将配置好的悬浮液倒入水热电泳沉积反应釜中加热到预定温度后保温 60 min；调整沉积电压在 150～240 V 范围内，选用预设温度进行水热电泳沉积；沉积 30 min 后停止通电，待试样冷却后取出试样，置于 80℃的烘箱中干燥 4 h，即可得到均匀涂敷的试样。将制备好的试样放入气氛炉中，在氩气保护下，800～1 200℃进行 1 h 热处理。

## 5.2　硅酸钇外涂层的表征方法

采用日本理学 Rigaku D/MAX 型 X 射线衍射仪(XRD)硅酸钇涂层的晶相组成进行分析；采用 JSM - 6700F 型场发射扫描电子显微镜(FESEM)观察声化学沉淀法制备硅酸钇粉体的显微结构；采用 JEOL JXA - 840S570 型扫描电子显微镜(SEM)观察涂层的表面显微形貌。用管式高温电炉对涂层 C/C 试样在静态空气中的抗氧化性能进行测试。在此过程中定时从炉内取出样品放置于室温空气中冷却，采用 NO.52873 型万分之一数显电子分析天平称量涂层 C/C 试样氧化前后的质量（分别记为 $m_0$ 和 $m_1$，试样的表面积记为 $A$），则氧化失重率 $\Delta W$ 和单位面积失重量速率 $W_t$：

$$\Delta W = (m_0 - m_1)/m_0 \times 100\% \qquad (5-1)$$

$$W_t = (m_0 - m_1)/A \qquad (5-2)$$

通过式(5-1)和式(5-2)来判断涂层的抗氧化性能,一般来说涂层在一定温度和时间内对 C/C 的有效保护应保证失重率不超过 2%。使用长春第二材料试验机厂生产的 DL-1000B 电子拉力测试涂层的结合强度,固定样品的黏结剂为环氧 E-7 胶。

## 5.3 工艺因素对硅酸钇涂层的显微结构及性能影响的研究

### 5.3.1 沉积电压对硅酸钇涂层相组成、显微结构及性能的影响

**1. 不同沉积电压条件下制备涂层的相组成**

不同沉积电压下制备涂层表面的 XRD 图谱如图 5-2 所示。由图 5-2 可以看出:当沉积电压为 150~240 V 范围内,$2\theta = 30° \sim 35°$时,涂层均出现了硅酸钇的几个特征衍射峰。涂层的主晶相为 $Y_2Si_2O_7$ 和 $Y_2SiO_5$,并伴随少量的 $Y_4Si_3O_{12}$ 型硅酸钇。硅酸钇晶相的衍射峰是随着沉积电压的升高逐渐增强的,这可能是因为高电压引起阴阳两极放电烧结现象所致,电压越大,烧结现象越强烈,同时也会促使外涂层硅酸钇粉体的结晶程度有所提高;当沉积电压较低时,特别当沉积电压为 150 V 时,涂层中有少量的 Si 出现,Si 的衍射峰随着沉积电压的升高而逐渐减弱,结合涂层表面的 SEM 观察(见图 5-3),当沉积电压过低时,涂层较薄,且致密性、均匀性较差,在测试过程中使内涂层中的 Si 被 X 射线探测所致。

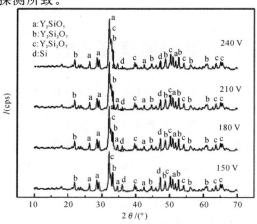

图 5-2　不同沉积电压制备的涂层的 XRD 图谱

**2. 不同沉积电压条件下制备涂层的表面形貌**

图 5-3 所示为不同沉积电压下获得涂层表面的 SEM 形貌照片。由图可知,在较低的沉积电压下制备的涂层表面存在较大的缺陷,涂层致密性和均匀性较差,且堆积无序(见图 5-3(a)),同时存在一些较大孔洞。随着沉积电压的升高(见图 5-3(b)),涂层的均匀性和致密性均得到很大的提高。继续将沉积电压升高到 210 V 时(见图 5-3(c)),涂层表面较均匀,表面致密性和均匀性进一步提高,此时在涂层表面已经没有孔洞及其他明显缺陷。随着沉积电压继续增加到 240 V 时,涂层更为致密,但表面出现了微裂纹,这和涂层断面的 SEM 形貌分析结果(见图 5-4(d))是一致的。由此可以得出结论:沉积电压为 210 V 时,可以得到致密性和均匀性较好的涂层。

图 5-3 不同沉积电压制备涂层的表面形貌
(a)150 V;(b)180 V;(c)210 V;(d)240 V

**3. 不同沉积电压条件下制备涂层的断面形貌**

图 5-4 所示为不同沉积电压下制备的涂层断面形貌。从图中可以看出:在较低沉积电压下所制备的硅酸钇涂层较薄且结构较疏松(见图 5-4(a)),存在较多缺陷。随着沉积电压升高,涂层的厚度也逐渐增加,致密性也逐渐增强。当沉积电压为 210 V 时,涂层均匀而致密,且厚度达到了 100 $\mu$m(见图 5-4(c))。但此时在硅酸钇外涂层和 SiC 内涂层界面可发现微小裂纹产生。随着沉积电压的进一步增加,内涂层界面上出现了明显的开裂现象(见图5-4(d)),说明此时内外涂层间的结合力较差。这可能是由于增加沉积电压后,阴阳两极之间产生的放电烧结现象使涂层的致密度逐渐增加,这一结论同图 5-2 的分析结果是一致的。但过高的沉积电压同样会导致涂层沉积速率过快,从而会导致涂层中内应力的产生,影响了内外涂层之间的结合,致使内外涂层界面产生裂纹。

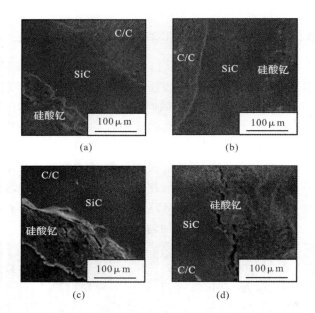

图 5-4　不同沉积电压下制备涂层的断面形貌
(a)150 V；(b)180 V；(c)210 V；(d)240 V

## 4. 不同沉积电压下沉积量与时间的关系

Jojic J. 等研究认为电泳沉积过程中沉积时间与涂层的沉积厚度之间存在的关系如下式：

$$d_s(t) = -\frac{\sigma_s d_1}{\sigma_1} + \sqrt{\left(\frac{\sigma_s d_1}{\sigma_1}\right)^2 + \frac{2mU\sigma_s}{ze_0\rho_s}t} \qquad (5-3)$$

当下式成立时：

$$\frac{d_1}{d_s(t)} >> \frac{\sigma_1}{\sigma_s} \qquad (5-4)$$

式(5-3)可转换成下式：

$$\frac{\Delta m(t)}{A} = d_s(t) \cdot \rho_s = \left(\frac{2U\sigma_s m\rho_s}{ze_0}t\right)^{1/2} \qquad (5-5)$$

当假设式(5-4)成立时，式(5-3)可以转换为式(5-5)，即电泳沉积过程中，涂层沉积质量与时间的二次方根呈直线关系。

式中，$A$ 代表沉积基体的表面积（$cm^2$）；$e_0$ 代表单位电荷（C）；$\sigma_1$ 为悬浮液的电导率（$\mu S/cm$）；$\sigma_s$ 为沉积层的电导率（$\mu S/cm$）；$d_s(t)$ 为沉积层的厚度（cm）；$d_1$ 为阳极与基体间的距离（cm）；$m$ 为悬浮颗粒的平均质量（g）；$\rho_s$ 为沉积层的有效密度（g/cm³）；$U$ 为电压（V）；$z$ 为悬浮颗粒的平均电价。

　　根据图 5-5 所示的实验结果，不同电场强度下沉积涂层质量与时间平方根的关系如图 5-6 所示。由图 5-6 可以看出，在不同的电场强度下，沉积涂层质量与时间的平方根呈良好的线性关系。这与 Jojic J. 等的研究结果完全吻合。同时，图 5-6 也验证了图 5-5 中的结论。

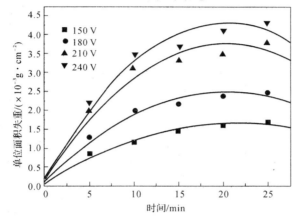

图 5-5　不同电压下沉积涂层质量和时间的关系

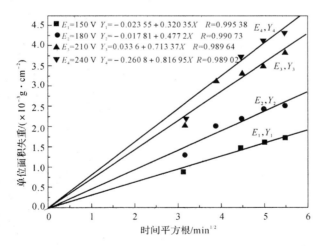

图 5-6　不同电场强度下沉积涂层质量和时间平方根的关系

## 5. 不同沉积电压条件下制备涂层的抗氧化性能

图 5-7 所示为 C/C 复合材料、制备了 SiC 内涂层的 C/C-SiC 试样及制

备了外涂层的 C/C‐SiC‐硅酸钇试样在 1 500℃静态空气中的恒温氧化失重曲线。从图中可以看出,C/C 复合材料在 1 500℃下的氧化失重很快,氧化失重几乎随时间呈直线关系。多孔 SiC 涂层能在一定程度上(5 h 内)提高了基体的抗氧化能力,但是由于涂层的致密性较差,所以其抗氧化性能不理想。当采用水热电泳沉积法制备了硅酸钇外涂层后,涂层的抗氧化性能大大提高,在 1 500℃静态空气中,经过氧化 60 h 后,失重率仍然小于 2%。但是由于涂层中存在没有被硅酸钇晶体完全填充的孔洞,其在 60 h 抗氧化之后迅速失效。

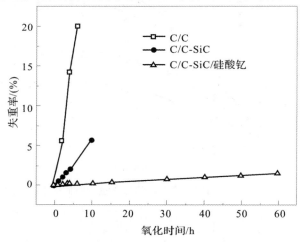

图 5‐7　C/C 复合材料、C/C‐SiC 试样、C/C‐SiC‐硅酸钇试样在 1 500℃的抗氧化性能水热温度对硅酸钇涂层相组成与显微结构的影响

### 5.3.2　水热温度对硅酸钇涂层相组成和显微结构的影响

#### 1. 不同水热温度对硅酸钇涂层晶相组成的影响

图 5‐8 所示为不同水热温度下沉积涂层表面的 XRD 图谱。由图可以看出,当水热温度在 80~120℃范围内,X 射线衍射图谱中均出现了硅酸钇的特征衍射峰。对比 JCPDF 44‐0160 卡片可知,所制备的涂层符合初始粉体的晶相组成,同时说明在此温度范围均可制备出硅酸钇涂层。当水热温度为 80℃时,$Y_2SiO_5$ 晶相的衍射峰较弱,并且伴随出现了少量 SiC 衍射峰。这可能是由于水热温度较低时,涂层的结晶性能较差,涂层薄而疏松,使得内涂层的 SiC 被 X 射线探测到。当水热温度升高到 100℃时,$Y_2SiO_5$ 晶相衍射峰随之增强,同时 SiC 的衍射峰明显减弱;继续升高水热温度到 120℃,$Y_2SiO_5$ 晶相衍射峰最强,SiC 的衍射峰已经完全消失。这可能是由于水热温度的升高加速了离子的迁移和扩

散速率,致使涂层被快速沉积,更容易获得均匀而致密的涂层。

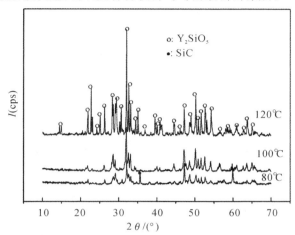

图 5-8　不同水热温度制备涂层的 XRD 图谱

### 2. 不同水热温度条件下制备涂层的表面形貌

图 5-9 所示为不同水热温度下制备硅酸钇涂层的表面 SEM 图片。从图中可以看出,不同水热温度下所得涂层表面均由许多细小的硅酸钇晶粒紧密堆积而成,当水热温度为 80℃时,涂层比较疏松且存在一些微小的孔洞(见图 5-9(a))。随着水热温度的升高,涂层表面逐渐变得致密,均匀程度也有所改善(见图 5-9(b))。当水热温度升高到 120℃时,涂层最为致密,表面平整而均匀,已经没有微孔存在(见图 5-9(c))。这与 XRD 推测得到涂层致密性增加的结果相吻合。另外,涂层的表面均没有裂纹存在,这说明硅酸钇外涂层与 SiC 内涂层之间热膨胀系数良好匹配,不容易导致应力产生。

图 5-9　不同水热温度制备涂层的表面形貌
(a)80℃；(b)100℃；(c)120℃

### 3. 不同水热温度条件下制备涂层的断面形貌

不同水热温度下所制备涂层的断面形貌如图 5 - 10 所示。由图可以看出，不同水热温度对硅酸钇外涂层的厚度有很大影响。水热温度为 80℃，100℃ 和 120℃时，所制备涂层的厚度分别为 30 $\mu m$ (见图 5 - 10 (a))、40 $\mu m$ (见图 5 - 10 (b)) 和 60 $\mu m$ 左右(见图 5 - 10 (c))。随着水热温度的升高，涂层的厚度是明显增加的。在水热电泳过程中，碘与异丙醇之间将按照如下反应式发生酮-烯醇反应：

$$CH_3CHOHCH_3 + 2I_2 = ICH_2CHOHCH_2I + 2H^+ + 2I^- \qquad (5-6)$$

悬浮液中的硅酸钇颗粒将会吸附 $H^+$ 使表面带正电荷，在电场作用下移动到阴极，沉积在 SiC - C/C 表面形成硅酸钇外涂层。

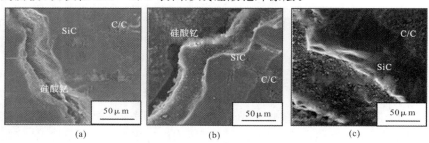

图 5 - 10　不同水热温度制备涂层的断面形貌
(a)80℃；(b)100℃；(c)120℃

升高水热温度将会加速硅酸钇离子在悬浮液中的扩散和迁移速率，促使涂层快速沉积到 SiC 内涂层表面，所以得到的涂层较厚。当水热温度较低时，内外涂层间有明显的裂纹存在(见图 5 - 10(a))，这可能是由于此时外涂层内聚力较差引起的。从图 5 - 10(c)中可以明显看出，当沉积温度升高至 120℃时，涂层致密而均匀，且内外涂层紧密结合，推测在该温度条件下制备的涂层具备良好的抗氧化性能。

### 5.3.3　电流密度对水热电泳沉积涂层显微结构的影响

不同沉积电流密度下制备硅酸钇涂层的显微结构如图 5 - 11 所示。由图可以看出，获得比较均匀的硅酸钇外涂层的沉积电流密度为 0.01 A/cm²，但此时涂层中仍存在微小裂纹。这可能是因为涂层较薄，不能完全覆盖 SiC 内涂层裂纹所致。继续增加沉积电流，涂层的致密性、均匀性有所提高。涂层致密性达到最佳时的沉积电流为 0.03 A/cm²，继续增加沉积电流导致涂层开裂(见图 5 - 11(d))，这可能是由于沉积电流增加后涂层沉积速率过快导致涂层过厚,致使应力产生所致。这说明应合理控制沉积电流密度才能获得比较致密的涂层。

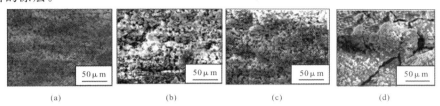

图 5-11　不同沉积电流密度下制备的硅酸钇涂层表面形貌(沉积时间 10 min)
(a)0.01 A/cm²;(b)0.02 A/cm²;(c)0.03 A/cm²;(d)0.04 A/cm²

### 5.3.4　不同热处理温度对硅酸钇涂层显微结构的影响

图 5-12 所示为不同热处理温度条件下硅酸钇涂层的显微形貌。由图 5-12(a)可以看出,未经热处理的涂层表面比较疏松,存在明显的孔隙等缺陷。与初始合成的硅酸钇粉体(见图 5-12(a)中插图)相比,其表面硅酸钇颗粒明显增大,这说明在水热电泳沉积过程中纳米硅酸钇微晶存在一个生长过程,晶粒明显长大。经过 800℃ 热处理过后,部分硅酸钇微晶出现熔融的迹象(见图 5-12(b)),涂层表面变得不均匀,且出现少许裂纹。进一步提高热处理温度到 1 000℃(见图 5-12(c)),硅酸钇微晶大部分熔融,覆盖了整个 SiC 内涂层表面,但仍然存在较多裂纹和微孔隙。当经过 1 200℃ 热处理后(见图 5-12(d)),硅酸钇微晶已完全熔融成为玻璃相,均匀覆盖于 SiC 涂层表面,获得了致密的硅酸钇玻璃涂层。这对提高涂层试样的整体抗氧化性能是非常有利的。

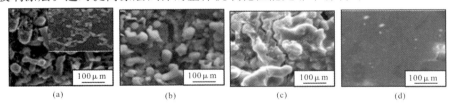

图 5-12　不同热处理温度条件下硅酸钇涂层的表面形貌
(a)未热处理;(b)热处理温度＝800℃;(c)热处理温度＝1 000℃;(d)热处理温度＝1 200℃

根据以上分析可知,随着处理温度的增加,硅酸钇微晶逐渐熔融,最终在 1 200℃ 左右形成致密的硅酸钇玻璃外涂层。理论上硅酸钇($Y_2Si_2O_7$)的熔点是 1 970℃,但本研究结果表明在 1 200℃ 就制备了硅酸钇玻璃涂层,这可能与采用的沉积原料为纳米 $Y_2Si_2O_7$ 有关。纳米 $Y_2Si_2O_7$ 具有较高比表面积和表面能,因此,其可能在较低的温度下出现熔融现象。这也为我们制备高温陶瓷玻璃涂层提供了一条新的途径。

# 5.4 不同晶相组成对硅酸钇涂层的显微结构 及性能影响的研究

长期以来,无论采用何种涂层,涂层与 C/C 基体之间或与 SiC 内涂层之间的热膨胀系数差异均会导致涂层中出现或多或少的裂纹,从而使涂层在抗氧化过程中快速失效。因此,如何使内外涂层之间热膨胀系数匹配一直是一个很难解决的问题。如绪论中所述,硅酸钇与 SiC 内涂层之间热膨胀系数有良好的匹配性,但由于硅酸钇存在三种不同晶型,各种晶型的硅酸钇具有不同的热膨胀系数,故不同晶相组成的硅酸钇复合涂层的热膨胀系数与 SiC 内涂层之间会存在明显差异。所以当制备复合硅酸钇抗氧化涂层时,不同相组成对涂层显微结构及性能的影响将成为使硅酸钇涂层更好发挥抗氧化性能的研究主线。

### 5.4.1 两种不同晶相组成对硅酸钇涂层显微结构及性能的影响

#### 1. 涂层的制备工艺

由于硅酸钇存在 $Y_2SiO_5$,$Y_2Si_2O_7$,$Y_4Si_3O_{12}$ 三种不同晶型结构,其中 $Y_2SiO_5$ 与 $Y_2Si_2O_7$ 晶型分别包含高温相的 $X_2 - Y_2SiO_5$ 与 $\delta - Y_2Si_2O_7$,为了能够更好地发挥硅酸钇涂层的抗氧化性能,本实验首先着眼于两种晶相组成的硅酸钇,在前一章中总结的最佳工艺条件下(沉积电压为 210 V;水热温度为 120℃;沉积时间为 20 min)研究其对涂层结构和性能的影响。在此基础上进一步研究三相组成的硅酸钇复合涂层体系。采用优化的工艺条件,按照两种晶相组成的硅酸钇线性物质的量配比,即分别得到 5 种不同的涂层体系,见表 5-3。

**表 5-3 涂层组成及工艺条件**

| 体 系 | 组 成 | 沉积温度/℃ | 沉积电压/V | 沉积时间/min |
|---|---|---|---|---|
| $C_1$ | $Y_2SiO_5$ 与 $Y_2Si_2O_7$ 的质量之比为 1:9 | 120 | 210 | 20 |
| $C_2$ | $Y_2SiO_5$ 与 $Y_2Si_2O_7$ 的质量之比为 2:8 | 120 | 210 | 20 |
| $C_3$ | $Y_2SiO_5$ 与 $Y_2Si_2O_7$ 的质量之比为 3:7 | 120 | 210 | 20 |
| $C_4$ | $Y_2SiO_5$ 与 $Y_2Si_2O_7$ 的质量之比为 4:6 | 120 | 210 | 20 |
| $C_5$ | $Y_2SiO_5$ 与 $Y_2Si_2O_7$ 的质量之比为 5:5 | 120 | 210 | 20 |

按照表 5-3 的涂层体系,分别称取声化学法制备的两种晶相组成的硅酸钇粉体共计 3 g,悬浮于 150 mL 异丙醇中,磁力搅拌 24 h,再超声波振荡 15

min,随后加入(0.6 g/L)0.09 g碘,再磁力搅拌24 h,制备成硅酸钇悬浮液。选用预先制备了SiC内涂层的C/C复合材料(10 mm×10 mm×15 mm)作为沉积基体。将基体用超声波清洗10 min后,放置于100℃的烘箱,烘干2 h后备用;固定基体于阴极,阳极选用石墨板;将配置好的悬浮液倒入水热电泳沉积反应釜中加热到120℃后保温60 min;调整沉积电压为210 V进行水热电泳沉积;沉积20 min后停止通电,待试样冷却后取出,置于80℃的烘箱中干燥4 h,即可得到均匀涂敷的试样。

**2.试样的表征与测试**

具体测试方法与表征参阅5.2。

**3.不同晶相组成对涂层显微结构的影响**

(1)不同晶相组成的硅酸钇涂层表面形貌。

图5-13所示为$Y_2SiO_5$和$Y_2Si_2O_7$按照不同相组成制备的复合涂层表面SEM形貌照片。从图中可以看出,当$Y_2SiO_5$与$Y_2Si_2O_7$的质量比为1:9(见图5-13(a))时,涂层表面出现了裂纹;随着$Y_2Si_2O_7$含量增加,表面开裂现象有所改善(见图5-13(b));当$Y_2SiO_5$与$Y_2Si_2O_7$的质量比为3:7(见图5-13(c))时,涂层的致密性和均匀性达到最佳,涂层表面光滑而平整,没有裂纹出现;继续增加$Y_2Si_2O_7$含量,涂层表面又出现了开裂现象(见图5-13(d)(e))。涂层表面显微结构的差异可以用$Y_2Si_2O_7/Y_2SiO_5$复合涂层的热膨胀系数与SiC内涂层的热膨胀系数的差异来解释。膨胀系数的差异会使内外涂层之间产生热应力,这是导致涂层产生裂纹的直接原因。根据Kochiro Fukada等的研究结果,$Y_2SiO_5$晶相膨胀系数在394~1 473 K温度范围内从$5.1×10^{-6}$ $K^{-1}$稳定增加到$7.8×10^{-6}$ $K^{-1}$,大约是$Y_2Si_2O_7$在该温度范围内晶相膨胀系数的2倍。由加权法计算可得到$Y_2Si_2O_7/Y_2SiO_5$复合涂层的膨胀系数随温度变化情况(见图5-14)所示。

由图5-14所示的结果可以看出,在一个确定的温度下,随着$Y_2Si_2O_7$含量的增加,涂层的膨胀系数逐渐减小;当$Y_2Si_2O_7$含量一定时,涂层膨胀系数随温度的升高逐渐升高。特别是在高温下,当复合涂层的晶相配比为$C_3$($Y_2SiO_5$与$Y_2Si_2O_7$的质量比为3:7)时,与SiC内涂层的热膨胀系数($4.3×10^{-6}$~$5.4×10^{-6}$ $K^{-1}$)最为接近。继续增加$Y_2Si_2O_7$含量,复合材料的热膨胀系数与SiC内涂层的膨胀系数差异又逐渐增大,导致裂纹的重新产生。这与涂层表面显微结构分析结果完全一致,近似于Mario等的研究结果。

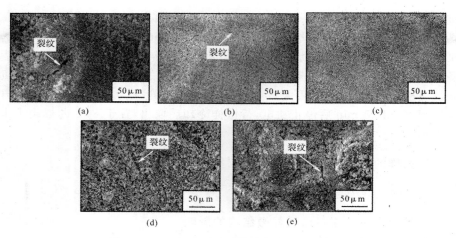

图 5-13　不同相组成的硅酸钇涂层表面形貌

（a）$Y_2SiO_5$ 与 $Y_2Si_2O_7$ 的质量比为 1:9；（b）$Y_2SiO_5$ 与 $Y_2Si_2O_7$ 的质量比为 2:8；
（c）$Y_2SiO_5$ 与 $Y_2Si_2O_7$ 的质量比为 3:7；（d）$Y_2SiO_5$ 与 $Y_2Si_2O_7$ 的质量比为 4:6；
（e）$Y_2SiO_5$ 与 $Y_2Si_2O_7$ 的质量比为 5:5

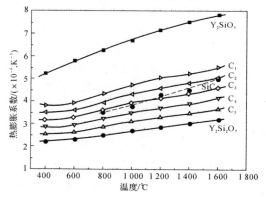

图 5-14　计算所得不同相组成的硅酸钇复合涂层在 673～1 873 K 温度范
围内的热膨胀系数

（2）不同晶相组成的硅酸钇涂层断面形貌。

图 5-15 所示为 $Y_2SiO_5$ 和 $Y_2Si_2O_7$ 按照不同相组成所制备的复合涂层的断面 SEM 照片。从图中可以看出，当 $Y_2SiO_5$ 与 $Y_2Si_2O_7$ 的质量比为 1:9（见图 5-15(a)）时，所制备的硅酸钇外涂层和 SiC 内涂层之间出现了明显的裂纹，说明此时的内外涂层结合力较弱。随着 $Y_2Si_2O_7$ 含量增加，内外涂层界面处的裂纹逐渐变小（见图 5-15(b)）；当 $Y_2SiO_5$ 与 $Y_2Si_2O_7$ 的质量比为 3:7（见图 5-15

(c))时,内外涂层结合处已没有明显开裂,涂层均匀而平整。继续增加 $Y_2Si_2O_7$
含量,内外涂层界面处重新出现裂纹(见图 5 - 15(d)(e))。这和涂层表面的
SEM 形貌分析是一致的,同时也和内外涂层的膨胀系数分析结果吻合。

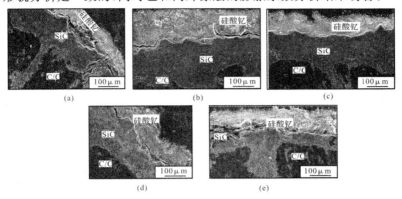

图 5 - 15  不同相组成的硅酸钇涂层断面形貌
(a) $Y_2SiO_5$ 与 $Y_2Si_2O_7$ 的质量比为 1:9;(b) $Y_2SiO_5$ 与 $Y_2Si_2O_7$ 的质量比为 2:8;
(c) $Y_2SiO_5$ 与 $Y_2Si_2O_7$ 的质量比为 3:7;(d) $Y_2SiO_5$ 与 $Y_2Si_2O_7$ 的质量比为 4:6;
(e) $Y_2SiO_5$ 与 $Y_2Si_2O_7$ 的质量比为 5:5

(3)不同晶相组成对复合涂层抗氧化性能的影响。

不同相组成的硅酸钇复合涂层在 1 773 K 下的氧化失重曲线如图 5 - 16
所示。由图可以看出,在氧化 40 h 之内,涂层的氧化失重随时间变化缓慢。
当涂层相组成为 $Y_2SiO_5$ 与 $Y_2Si_2O_7$ 的质量比为 1:9时,C/C 试样在 40 h 之后
迅速被氧化,说明该涂层抗氧化性能较差。随着 $Y_2Si_2O_7$ 含量增加,当涂层相
组成为 $Y_2SiO_5$ 与 $Y_2Si_2O_7$ 的质量比为 2:8时,该涂层在 1 773 K 下也具有一定
的抗氧化性能,可对 C/C 进行 80 h 的有效保护,氧化后失重率在 2% 以下;当
涂层相组成为 $Y_2SiO_5$ 与 $Y_2Si_2O_7$ 的质量比为 3:7时,涂层具有最好的抗氧化
性能,该试样在 1 773 K 经过 100 h 的氧化后失重率仅为 1.2%;继续增加
$Y_2Si_2O_7$ 含量,涂层的抗氧化性能开始降低,这与试样的断面 SEM 形貌分析
(见图 5 - 15(d)(e))基本吻合。

### 5.4.2  三种不同晶相组成对硅酸钇涂层显微结构及性能的影响

$Y_2SiO_5$,$Y_2Si_2O_7$,$Y_4Si_3O_{12}$ 三种不同晶相的硅酸钇的热膨胀系数有较大
差别,当同时采用三种晶相的硅酸钇作为复合涂层时,由于外涂层热膨胀系数
和 SiC 内涂层热膨胀系数的差异产生的热应力会导致内外涂层开裂,致使涂
层的抗氧化能力下降。因此,探究最佳的晶型配比将成为使硅酸钇复合涂层

更好地发挥抗氧化性能的关键条件之一。本章重点在前期研究的基础上,进一步开发了三种晶相组成的硅酸钇复合涂层,并设计出三种晶相的最佳工艺组成如图5-17所示,推导了热膨胀系数和相组成点的关系,研究了不同相组成对涂层显微结构及抗氧化性能的影响。

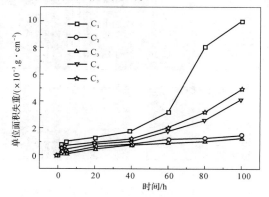

图5-16 不同相组成的硅酸钇涂层在1 773 K下氧化失重曲线

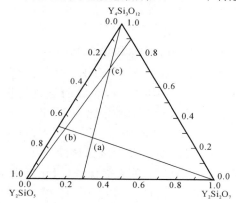

图5-17 复合涂层的晶相组成设计

(a) $Y_2SiO_5$ 的质量分数为52.1%,$Y_2Si_2O_7$ 的质量分数为21.8%,$Y_4Si_3O_{12}$ 的质量分数为26.1%;
(b) $Y_2SiO_5$ 的质量分数为64.4%,$Y_2Si_2O_7$ 的质量分数为4.0%,$Y_4Si_3O_{12}$ 的质量分数为31.6%;
(c) $Y_2SiO_5$ 的质量分数为20.1%,$Y_2Si_2O_7$ 的质量分数为8.3%,$Y_4Si_3O_{12}$ 的质量分数为71.6%

**1. 涂层体系组成设计**

为了研究不同相组成对涂层结构和性能的影响,在前期研究(两种晶相组成的硅酸钇涂层中 $Y_2SiO_5$ 与 $Y_2Si_2O_7$ 的最佳质量配比为3∶7,6∶4,5∶5)的基础上设计了如图5-17所示的复合涂层组成。

**2. 涂层的制备工艺**

将声化学法制备的三种晶相的硅酸钇粉体按照图5-17所示的比例称取,共计3 g,将其共同悬浮于150 mL异丙醇中,磁力搅拌24 h后,超声波振荡15 min,随后加入(0.6 g/L)0.09 g碘,再磁力搅拌24 h,制备成硅酸钇悬浮液。选用预先制备了SiC内涂层的C/C复合材料(10 mm×10 mm×15 mm)作为沉积基体。将基体用超声波清洗10 min后在100℃下烘干2 h后备用;固定基体于阴极,阳极选用石墨板;将配置好的悬浮液倒入水热电泳沉积反应釜中加热到120℃后保温60 min;调整沉积电压为210 V进行水热电泳沉积;沉积20 min后停止通电,待试样冷却后取出,置于80℃的烘箱中干燥4 h,即可得到均匀涂敷的试样。

**3. 试样的表征与测试**

具体测试方法与表征参阅5.2。

**4. 三种不同晶相组成对涂层显微结构的影响**

(1)不同晶相组成条件下涂层的表面形貌。

图5-18所示是$Y_2SiO_5$,$Y_2Si_2O_7$和$Y_4Si_3O_{12}$按照图5-17所示相组成点制备的复合涂层表面SEM形貌照片。从图5-18(a)中可以看出,按照(a)相组成点制备的涂层表面存在较大的裂纹,且致密性和均匀性较差。按照(b)相组成点制备的涂层表面开裂有所改善(见图5-18(b));当涂层的相组成为(c)点时,涂层的致密性和均匀性达到最佳(见图5-18(c)),涂层表面光滑而平整,没有裂纹出现。涂层表面显微结构的差异可以用$Y_2SiO_5$-$Y_2Si_2O_7$-$Y_4Si_3O_{12}$复合涂层的热膨胀系数与SiC内涂层的热膨胀系数的差异来解释。

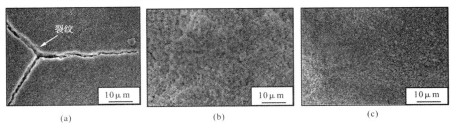

图5-18 不同相组成制备的硅酸钇涂层表面形貌
(a)$Y_2SiO_5$的质量分数为52.1%,$Y_2Si_2O_7$的质量分数为21.8%,$Y_4Si_3O_{12}$的质量分数为26.1%;
(b)$Y_2SiO_5$的质量分数为64.4%,$Y_2Si_2O_7$的质量分数为4.0%,$Y_4Si_3O_{12}$的质量分数为31.6%;
(c)$Y_2SiO_5$的质量分数为20.1%,$Y_2Si_2O_7$的质量分数为8.3%,$Y_4Si_3O_{12}$的质量分数为71.6%

根据 Sun Ziqi,Sigrid Wagner 等的研究结果,$Y_2SiO_5$,$Y_2Si_2O_7$ 和 $Y_4Si_3O_{12}$ 的热膨胀系数分别为 $6.9 \times 10^{-6} K^{-1}$,$3.9 \times 10^{-6} K^{-1}$ 和 $4.31 \times 10^{-6} K^{-1}$。如图5-19所示,在 $Y_2SiO_5 - Y_2Si_2O_7 - Y_4Si_3O_{12}$ 三元相图中,存在一个低膨胀区,该区包含了三种晶相的理论相组成点。由图可以看出,与(a)(b)两个相组成点相比,(c)相组成点处涂层的热膨胀系数 $4.8 \times 10^{-6} K^{-1}$ 更接近于 SiC 内涂层的热膨胀系数($4.5 \times 10^{-6} K^{-1}$)。热膨胀系数的差异会使内外涂层之间产生热应力,是导致涂层产生裂纹的直接原因。这与图5-18中涂层显微结构分析结果完全一致。

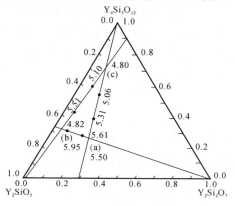

图5-19 热膨胀系数和相组成点的关系(CTE:$\times 10^{-6} K^{-1}$)

(2)不同晶相组成条件下涂层的断面形貌。

图5-20所示是 $Y_2SiO_5$,$Y_2Si_2O_7$ 和 $Y_4Si_3O_{12}$ 按照不同相组成所制备的复合涂层的断面 SEM 照片。由图可以看出,按照(a)相组成点制备的涂层(见图5-20(a)),外涂层和 SiC 内涂层之间出现了明显的裂纹,说明此时内外涂层结合力较弱,这是由于外涂层与 SiC 内涂层的热膨胀系数有较大差异。按照(b)相组成点制备的涂层,内外涂层界面处的裂纹逐渐变小,涂层的厚度也有所增加(见图5-20(b));当涂层的相组成为(c)点时,内外涂层结合处已没有明显开裂(见图5-20(c)),涂层均匀而平整,厚度为 $100 \mu m$ 左右。涂层的抗氧化能力不仅受到裂纹、孔洞等缺陷的影响,与其本身的厚度也有很大关系。如果涂层太薄,将很难保证其均匀性和完整性,涂层中存在贯穿性裂纹的概率会增加;如果涂层越厚,试样在氧化测试过程中产生的热应力越大,会引起涂层中贯穿性裂纹的生成,甚至涂层的剥落,这些对涂层的防氧化都是不利的。根据付前刚等的研究成果,涂层厚度在 $100 \sim 150 \mu m$ 范围内,厚度适中,在无贯穿性裂纹、致密完整的条件下,具有优异的抗氧化性能。这与涂层表面的 SEM 形貌分析结果是一致的,同时也和内外涂层的热膨胀系数分析结果吻合。

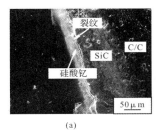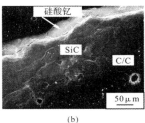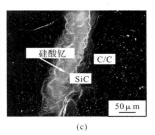

(a)           (b)           (c)

图 5-20 不同相组成制备的硅酸钇涂层断面形貌

(a)$Y_2SiO_5$的质量分数为 52.1%，$Y_2Si_2O_7$的质量分数为 21.8%，$Y_4Si_3O_{12}$的质量分数为 26.1%；

(b)$Y_2SiO_5$的质量分数为 64.4%，$Y_2Si_2O_7$的质量分数为 4.0%，$Y_4Si_3O_{12}$的质量分数为 31.6%；

(c)$Y_2SiO_5$的质量分数为 20.1%，$Y_2Si_2O_7$的质量分数为 8.3%，$Y_4Si_3O_{12}$的质量分数为 71.6%

**5. 不同晶相组成条件下成涂层的抗氧化性能测试**

图 5-21 所示为不同相组成条件下制备的硅酸钇复合涂层在 1 773 K 静态空气中的氧化失重曲线。从图中可以看出,试样的失重在一定范围内均符合直线变化规律。根据 Wagner 的高温氧化理论,直线速度规律本质是非保护的,氧化过程受到氧气在涂层晶界、缺陷等处的扩散所控制。因此,涂层 C/C 试样的氧化能力取决于涂层中裂纹的大小。按照(a)相组成点制备的涂层 C/C 试样在 20 h 内氧化失重较缓慢,当超过 20 h 后,涂层失重率明显增加。这与涂层表面中存在微裂纹(见图 5-18(a)),并且涂层断面中含有贯穿性裂纹(见图 5-20(a))的结构有关,因此这种涂层的抗氧化效果最差。按照(b)相组成点制备的涂层 C/C 试样由于涂层表面裂纹的减少(见图 5-18(b)),且涂层断面没有贯穿性裂纹存在(见图 5-20(b)),使涂层的抗氧化性能有所提高。按照(c)相组成点制备的涂层最为致密(见图 5-18(c)),断面中的内外涂层结合紧密(见图 5-20(c)),因此具有最好的抗氧化效果。该试样在 1 773 K 经过 80 h 的氧化后单位面积失重仅为 $2.17 \times 10^{-3} g \cdot cm^{-2}$。

**6. 不同晶相组成制备的涂层氧化后的显微结构**

(1)涂层氧化后的表面形貌。

图 5-22 所示为涂层在 1 773 K 的静态空气中氧化 80 h 后的表面显微形貌。由图 5-22 均可看到均匀而平整的玻璃层表面。根据 Webster 等的热力学计算结果可知,在氧化过程中,氧气通过硅酸钇外涂层到达内涂层 SiC 的界面,并与之发生反应,引发界面的转变而产生气体,可以用下列各式表示:

$$Y_2SiO_5(s) + SiC(s) + 3/2O_2(g) = Y_2Si_2O_7(s) + CO(g) \tag{5-7}$$

$$Y_2SiO_5(s) + SiC(s) + 2O_2(g) = Y_2Si_2O_7(s) + CO_2(g) \tag{5-8}$$

$$SiC + 2O_2 \rightarrow CO_2 + SiO_2 \qquad (5-9)$$

SiC 被氧化生成非晶态的 $SiO_2$,伴随副产物 $CO,CO_2$ 等气体的挥发,致使涂层密度下降和孔洞产生(见图 5-22 (a)(b)),最终在氧化过程中涂层失效。由图 5-22 (a)可以看出,涂层表面有明显的裂纹出现。这是由内外涂层间热膨胀系数差异所导致。与图 5-22 (a)相比,图 5-22 (b)所示的涂层的裂纹尺寸明显减小,图 5-22 (c)所示的涂层表面光滑而平整,没有显微裂纹,进一步证明了内外涂层膨胀系数分析结果。

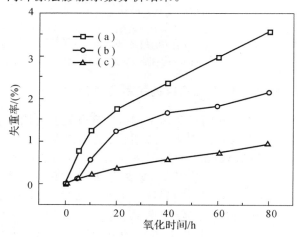

图 5-21　不同相组成制备的硅酸钇涂层在 1 773K 下氧化失重曲线
(a) $Y_2SiO_5$ 的质量分数为 52.1%,$Y_2Si_2O_7$ 的质量分数为 21.8%,$Y_4Si_3O_{12}$ 的质量分数为 26.1%;
(b) $Y_2SiO_5$ 的质量分数为 64.4%,$Y_2Si_2O_7$ 的质量分数为 4.0%,$Y_4Si_3O_{12}$ 的质量分数为 31.6%;
(c) $Y_2SiO_5$ 的质量分数为 20.1%,$Y_2Si_2O_7$ 的质量分数为 8.3%,$Y_4Si_3O_{12}$ 的质量分数为 71.6%

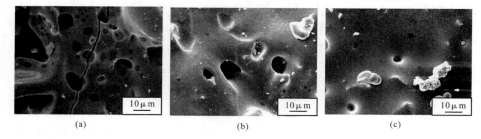

图 5-22　不同相组成制备的涂层在 1 773K 静态空气中氧化 80h 后的表面 SEM 显微形貌
(a) $Y_2SiO_5$ 的质量分数为 52.1%,$Y_2Si_2O_7$ 的质量分数为 21.8%,$Y_4Si_3O_{12}$ 的质量分数为 26.1%;
(b) $Y_2SiO_5$ 的质量分数为 64.4%,$Y_2Si_2O_7$ 的质量分数为 4.0%,$Y_4Si_3O_{12}$ 的质量分数为 31.6%;
(c) $Y_2SiO_5$ 的质量分数为 20.1%,$Y_2Si_2O_7$ 的质量分数为 8.3%,$Y_4Si_3O_{12}$ 的质量分数为 71.6%

（2）涂层氧化后的断面形貌。

图 5-23 所示为涂层在 1 773K 静态空气中氧化 80 h 后的断面显微形貌。如图 5-23（a）所示，C/C 机体附近出现了大的氧化孔洞，这是引起涂层 C/C 试样迅速失重的主要原因。与图 5-23（a）相比，图 5-23（b）所示的涂层除了微小的显微裂纹以外没有明显的孔洞出现。图 5-23（c）所示的涂层内外层结合良好，没有明显的裂纹。这与涂层 C/C 试样的抗氧化测试的结果完全吻合。

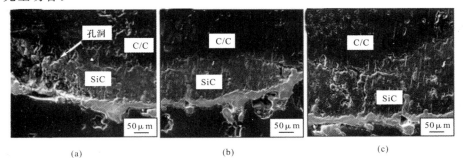

图 5-23　不同相组成制备的涂层在 1 773 K 氧化 80 h 后的断面 SEM 显微形貌
（a）$Y_2SiO_5$ 的质量分数为 52.1%，$Y_2Si_2O_7$ 的质量分数为 21.8%，$Y_4Si_3O_{12}$ 的质量分数为 26.1%；
（b）$Y_2SiO_5$ 的质量分数为 64.4%，$Y_2Si_2O_7$ 的质量分数为 4.0%，$Y_4Si_3O_{12}$ 的质量分数为 31.6%；
（c）$Y_2SiO_5$ 的质量分数为 20.1%，$Y_2Si_2O_7$ 的质量分数为 8.3%，$Y_4Si_3O_{12}$ 的质量分数为 71.6%

## 5.5　本 章 小 结

1）以声化学合成的纳米硅酸钇微晶为沉积原料，采用水热电泳沉积法可在 C/C-SiC 表面制备硅酸钇外涂层。沉积电压对涂层的显微结构有较大的影响。当沉积电压在 150～240 V 范围内，可以在 C/C-SiC 表面制备出硅酸钇涂层；随着沉积电压的升高，涂层的沉积量有所增加，沉积量与时间的二次方根之间符合很好的线性关系。当沉积电压为 210 V 时，涂层的致密性和均匀性达到最佳；随后继续升高沉积电压，涂层的均匀性明显下降；当沉积电压为 240 V 时，涂层表面与断面均出现明显缺陷。由此确定水热电泳沉积涂层的最佳沉积电压为 210 V。

2）水热温度同样也是重要的影响因素，随着水热温度升高，涂层的厚度、致密性和均匀程度均得到改善，当水热温度为 120℃时，达到最佳。由此确定水热电泳沉积涂层的最佳水热温度为 120℃。

3）在沉积过程中，硅酸钇微晶晶粒有所长大，随着沉积电流密度增加，硅酸钇涂层均匀性和致密性逐渐增加，当电流密度达到 0.03 A/cm$^2$ 时达到最佳；后继续增大电流密度，涂层开始出现裂纹。通过后期热处理，涂层表面逐渐熔融，当温度达到 1 200℃时，可获得均匀致密完全熔融的硅酸钇玻璃外涂层。

4）不同相组成对硅酸钇涂层的显微结构和抗氧化性能有较大的影响。随着外涂层中 $Y_2Si_2O_7$ 含量的增加，复合硅酸钇涂层的热膨胀系数逐渐减小，从而更接近于 SiC 内涂层的热膨胀系数。当达到 $Y_2SiO_5$ 与 $Y_2Si_2O_7$ 的质量比为 3：7时，内外涂层的热膨胀系数最为接近，从而得到均匀、致密、无显微裂纹、抗氧化性能优异的复合硅酸钇涂层。

5）该涂层在 1 773 K 静态空气中，经过氧化 100 h 后，失重率为 1.2％；继续增加 $Y_2Si_2O_7$ 含量，内外涂层的热膨胀系数差异增大，涂层再次出现裂纹，抗氧化性能随之下降。

6）不同相组成对硅酸钇涂层的显微结构和抗氧化性能有较大的影响。在 $Y_2SiO_5 - Y_2Si_2O_7 - Y_4Si_3O_{12}$ 三元相图中，存在一个低膨胀区，该区包含了硅酸钇三种晶相的理论相组成点。

7）当涂层的相组成为 $Y_2SiO_5$ 的质量分数为 20.1％，$Y_2Si_2O_7$ 的质量分数为 8.3％，$Y_4Si_3O_{12}$ 的质量分数为 71.6％时，内外涂层的热膨胀系数最为接近，从而得到均匀、致密、无显微裂纹、抗氧化性能优异的复合硅酸钇涂层。该涂层在 1 773 K 静态空气中，经过氧化 80 h 后，单位面积失重仅为 $2.17 \times 10^{-3}$ g·cm$^{-2}$。

# 参 考 文 献

[1] 黄剑锋，邓飞，曹丽云，等.声化学法可控合成硅酸钇纳米晶[J]. 人工晶体学报，2007，3(2)：464 - 466.

[2] HUANG J F, ZENG X R, LI H J, et al. Mullite - Al$_2$O$_3$ - SiC oxidation protective coating for carbon/carbon composites[J]. Carbon，2003，41(14)：2825 - 2829.

[3] FUKUDA K, MATSUBARA H. Thermal expansion of δ - yttrium disilicate[J]. Journal of the American Ceramic Society，2004，87(1)：89 - 92.

[4] HUANG J F, ZENG X R, LI H J, et al. Influence of the preparation

temperature on the phase, microstructure and anti - oxidation property of a SiC coating for C/C composites[J]. Carbon, 2004, 42: 1517 - 1521.

[5] HUANG J F, LI H J, ZENG X R, et al. A new SiC/yttrium silicate/ glass multi - layer oxidation protective coating for carbon/carbon composites[J]. Carbon, 2004, 42(6): 2329 - 2366.

[6] SUN Z Q, ZHOU Y C, WANG J Y, et al. $\gamma - Y_2Si_2O_7$, a machinable silicate ceramic: mechanical properties and machinability [J]. The American Ceramic Society, 2007, 90(8): 2535 - 2541.

[7] 付前刚. SiC 晶须增韧硅化物及 SiC/玻璃高温防氧化涂层的研究[D]. 西安:西北工业大学,2007.

# 第 6 章
# β－Y₂Si₂O₇晶须增韧陶瓷涂层的研究

硅酸钇是一种非常重要的耐火硅酸盐材料,它具有低的导热系数,高熔点以及良好的抗腐蚀等特性。因此,硅酸钇有望作为高温热结构材料和硅基陶瓷的热障/环障涂层材料。$Y_2Si_2O_7$具有低的挥发速率、低的氧渗透率以及与SiC接近的热膨胀系数,优异的性能使该材料在氧化防护涂层领域有良好的应用前景。

$Y_2Si_2O_7$有 6 种同质异形结构,分别为 y－、α－、β－、γ－、δ－和 z－$Y_2Si_2O_7$。不同结构之间的相转变温度如下:$\alpha \xrightarrow{1\,225\,℃} \beta \xrightarrow{1\,445\,℃} \gamma \xrightarrow{1\,535\,℃} \delta$。由于$Y_2Si_2O_7$存在较多的同质异形结构,因此合成单相的$Y_2Si_2O_7$比较困难,而这些$Y_2Si_2O_7$的同质异形体只有 γ－$Y_2Si_2O_7$被充分研究。因此,采用一种特殊的工艺来制备其他单相的$Y_2Si_2O_7$对于拓展$Y_2Si_2O_7$在涂层材料领域的应用非常重要。目前,$Y_2Si_2O_7$材料的常用制备方法有固相反应法、溶胶-凝胶法和水热法。但是,这些方法有的需要较高的烧结温度,有的需要复杂的工艺过程,同时,这些方法也很难得到纯相的$Y_2Si_2O_7$材料;另外,这些方法所得$Y_2Si_2O_7$材料或者形貌不规则,或者尺寸较大,从而限制了$Y_2Si_2O_7$材料的进一步应用。所以,开发一种简单、低温、高效的工艺来制备具有特殊形貌的单相$Y_2Si_2O_7$非常有必要。

熔盐法,作为一种典型的无机材料的合成方法,反应物能在熔盐中均匀混合,熔盐可以加速反应物之间的传质,从而使反应能在较低的温度下进行。另外,产物的形貌可以通过改变实验参数来控制,这对于制备 β－$Y_2Si_2O_7$晶须非常有利。

如第 1 章绪论中所述的陶瓷涂层有一个共同的缺点,那就是陶瓷涂层固有的脆性,使其在热震过程中易产生裂纹而导致脱落,由于硅基陶瓷自氧化产生的$SiO_2$量少,且在高温下挥发严重,难以愈合大的裂纹。为了克服这一缺点,增强陶瓷涂层的韧性,本书利用熔盐法制备的 β－$Y_2Si_2O_7$晶须增韧

Y₂SiO₅涂层的思路来提高陶瓷涂层的韧性,进而提高涂层的抗热冲击和氧化防护性能。$Y_2Si_2O_7$具有比莫来石更高的熔点(1 970℃),它的热膨胀系数和SiC十分接近,和SiC在2 000℃以内不发生物理化学反应,与SiC有非常良好的物理化学相容性,是理想的增韧材料。对于β−$Y_2Si_2O_7$晶须增韧$Y_2SiO_5$涂层,β−$Y_2Si_2O_7$晶须的加入不仅有望提高$Y_2SiO_5$涂层的韧性,而且能缓解$Y_2SiO_5$涂层与SiC内涂层之间的热膨胀差异问题。基于此,本书创新地采用脉冲电弧放电沉积法结合热浸渍法制备了β−$Y_2Si_2O_{7(w)}$−$Y_2SiO_5$/YAS涂层。

本章内容主要研究以下内容:一是熔盐法制备β−$Y_2Si_2O_{7(w)}$,研究了反应温度对β−$Y_2Si_2O_{7(w)}$形貌的影响,并提出β−$Y_2Si_2O_{7(w)}$的合成机理,研究了β−$Y_2Si_2O_{7(w)}$的热物理性能;二是重点研究了β−$Y_2Si_2O_{7(w)}$−$Y_2SiO_5$/YAS外涂层的晶相组成,显微形貌,结合强度,抗氧化、抗热震性能以及氧化机理及失效机制。

# 6.1　β−$Y_2Si_2O_7$晶须的制备工艺

## 6.1.1　实验试剂及仪器

(1)实验试剂。

本实验所用化学试剂见表6−1。

表6−1　实验用试剂列表

| 名　称 | 化学式 | 纯度等级 | 生产厂商 |
|---|---|---|---|
| 硝酸钇 | $Y(NO_3)_3 \cdot 6H_2O$ | AR | 国药集团 |
| 正硅酸四乙酯 | $Si(C_2H_5)_4$ | AR | 国药集团 |
| 钼酸钠 | $Na_2MoO_4 \cdot 2H_2O$ | AR | 国药集团 |
| 无水乙醇 | $CH_3CH_2OH$ | AR | 国药集团 |
| 浓硝酸 | $HNO_3$ | AR | 国药集团 |

(2)实验仪器。

本实验所用仪器见表6−2。

表 6 - 2　实验仪器列表

| 名　称 | 型　号 | 生产厂商 |
|---|---|---|
| 万分之一电子天平 | AL 204 | 梅特勒-托利多仪器(上海)有限公司 |
| 电热鼓风干燥箱 | DHG - 9145A | 上海一恒科学仪器有限公司 |
| 均相反应器 | KLJX - 8A | 烟台科力化工设备有限公司 |
| 恒温磁力搅拌器 | CHI - 660E | 上海辰华仪器有限公司 |
| 硅碳棒炉 | KSL - 1500X | 合肥科晶材料科技有限公司 |
| 数控超声波清洗器 | KQ - 500DE | 昆山市超声仪器有限公司 |

### 6.1.2　熔盐法制备 β - $Y_2Si_2O_7$ 晶须

称取 10.304 2 g 分析纯的 $Y(NO)_3 \cdot 6H_2O$ 于烧杯中，加入 25 mL 无水乙醇，磁力搅拌 30 min 得透明溶液 A，在通风橱中按照 $Y(NO)_3 \cdot 6H_2O$ 与 TEOS 的物质的量比为 1:1 量取一定的 TEOS，逐滴加入到溶液 A，磁力搅拌 30 min 获得透明的硅酸钇前驱体混合液 B。将所得混合液 B 置于聚四氟乙烯内衬的水热釜中，控制填充比为 30%，然后将反应釜放入烘箱中，控制温度为 110℃，反应 24 h，得到硅酸钇湿凝胶。将所得硅酸钇湿凝胶于 100℃ 烘干，之后在 400℃ 的马弗炉中热处理 60 min，得到硅酸钇干凝胶粉。

将所得硅酸钇干凝胶粉和 $Na_2MoO_4 \cdot 2H_2O$ 以质量比为 1:1 的比例于玛瑙研钵中混合均匀，在 700℃，750℃，800℃ 和 850℃ 的马弗炉中热处理 5 h，前驱体凝胶发生如下反应：

$$2 SiO_2 (s) + Y_2O_3 (s) \rightarrow Y_2Si_2O_7 (s) \qquad (6-1)$$

将所得产物分别水洗 3 次，酸洗(浓硝酸)3 次，最后在 60℃ 的烘箱中干燥 2 h，即可得到最终产物。工艺流程图如图 6-1 所示。

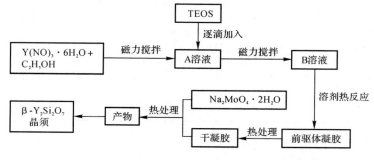

图 6-1　熔盐法制备 β - $Y_2Si_2O_7$ 晶须工艺流程图

### 6.1.3 样品测试及表征

(1)热重-差示扫描量热(TG－DSC)。

采用德国耐驰公司的 STA449F3 型同步综合热分析仪测定前驱体凝胶粉及前驱体凝胶粉与 $Na_2MoO_4 \cdot 2H_2O$ 混合物在升温过程中的质量和热焓变化,据此确定反应温度范围以及物相转变温度。测试条件:氮气气氛保护,10℃/min,从室温到 1 200℃。

(2)X 射线衍射(XRD)。

试样的晶相组成采用日本理学 Rigaku 公司的 D/MAX－2200PC 型 X 射线衍射仪进行测定。测试条件:Cu 靶,Kα 射线(λ＝0.154 18 nm),管电压 40 kV,管电流 40 mA,扫描角度 10°～70°,扫描速率 8°/min。

(3)红外光谱分析(FT－IR)。

采用德国布鲁克公司的 VECTOR－22 型红外光谱分析仪对所制备材料的化学键进行测试与表征。测试条件:测量谱范围是 400～1 400 cm⁻¹,步进扫描-时间分辨率为 5 ns。

(4)扫描电子显微镜(SEM)。

对所得产物的微观形貌采用 S4800 型场发射扫描电镜进行观察(加速电压为 5 kV)。

(5)透射电子显微镜(TEM)。

对所得产物的显微结构采用 FEI 公司 JEM－3010 的透射电子显微镜进行测试表征。采用高分辨像(HRTEM)中的晶格条纹间距确定所得产物的取向生长方向。

(6)X 射线光电子能谱(XPS)。

采用 X 射线光电子能谱仪对所得产物的元素及元素价态进行表征。

(7)β－$Y_2Si_2O_7$ 陶瓷的热物理性测试。

1)β－$Y_2Si_2O_7$ 陶瓷导热系数的测试。将所制备的 β－$Y_2Si_2O_7$ 晶须通过造粒,压片制备成直径为 12.7 mm,厚度为 2.1 mm 的圆片,在马弗炉中以 5℃/min 的升温速率加热到 1 400℃,保温 5 h,制得 β－$Y_2Si_2O_7$ 陶瓷片。

β－$Y_2Si_2O_7$ 陶瓷的热扩散系数采用德国耐驰公司 LFA427 激光导热系数仪测定。测试条件:氩气气氛,温度范围是 473～1 473 K。测试试样正反两面均涂覆石墨阻止激光束直接穿透试样。试样热容通过研究 $\beta - Y_2Si_2O_7$ 粉体DSC得到,测试条件为:氮气保护,10℃/min,从室温到1 200℃(204F1,耐驰)。$\beta - Y_2Si_2O_7$ 陶瓷的导热系数为

$$k = C_p \alpha \rho \qquad (6-2)$$

式中,$C_p$ 为热容;$\alpha$ 为热扩散系数;$\rho$ 为密度(通过阿基米德排水法测得)。

为了排除陶瓷试样孔隙对导热系数的影响,试样实际的导热系数($k_0$)通过下式进行修正,即

$$\frac{k}{k_0} = 1 - \frac{4}{3}\varphi \qquad (6-3)$$

式中,$\varphi$ 为陶瓷试样的孔隙率,由压汞仪测得(AutoPore IV 9500)。

2)$\beta - Y_2Si_2O_7$ 陶瓷热膨胀系数的测试。将所制备的 $\beta - Y_2Si_2O_7$ 晶须通过造粒,压成尺寸为 15 mm×3 mm×4 mm 的长方体试样,在马弗炉中以5℃/min的升温速率加热到1 400℃,保温5 h,制得 $\beta - Y_2Si_2O_7$ 陶瓷。

$\beta - Y_2Si_2O_7$ 陶瓷的热膨胀系数采用德国耐驰公司的DIL402PC型热膨胀系数测试仪测定。

### 6.1.4 小结

(1)干凝胶前驱体的 TG - DSC 分析。

为了研究熔盐法制备硅酸钇晶须的反应过程,确定硅酸钇晶须的制备温度,对所制备硅酸钇干凝胶前驱体以及前驱体与钼酸钠混合物进行(TG - DSC)测试。图6-2(a)所示为硅酸钇干凝胶前驱体的 TG - DSC 曲线。图中83℃和151℃对应的吸热峰可能是一些结合力较弱的分子的挥发造成的,例如,凝胶前驱体中的水和乙醇等,相应的失重率大约为20%。340℃对应的吸热峰可能是干凝胶中残存的硝酸盐的热解以及一些结合力较强的水分子的挥发造成的。1 043℃处强的吸热峰表明开始有硅酸钇晶相的生成,因此若在硅酸钇干凝胶前驱体中不加入钼酸钠熔盐,硅酸钇合成的温度大致为1 043℃。图6-2(b)所示为干凝胶前驱体与钼酸钠混合物的 TG - DSC 曲线。热重曲线主要分为三个失重阶段,分别是20~100℃,100~700℃以及700℃以上。图中83℃处的吸热峰对应一些结合力较弱的水、乙醇等;457℃对应的吸热峰可能是 $Y(NO_3)_3 \cdot 6H_2O$ 的分解以及一些结合力较强的水分子的挥发造成的。637℃和678℃的吸热峰对应钼酸钠熔盐的熔融。698℃处强的吸热峰表明开始有硅酸钇晶相的生成,因此,将最低制备温度初步定为700℃,这比未加熔盐的制备温度低了近400℃,这说明熔盐的加入能显著降低反应温度。

水洗

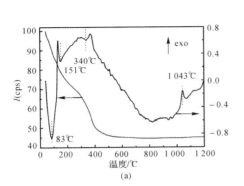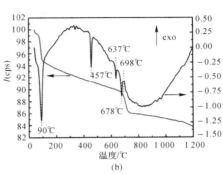

图 6-2 干凝胶前驱体的 IG-DSC 分析

(a)干凝胶前驱体的 TG-DSC 曲线；

(b)干凝胶前驱体与钼酸钠混合物的 TG-DSC 曲线

（2）所制备硅酸钇的 XRD 分析。

图 6-3(a)所示为干凝胶在不同温度下热处理后的 XRD 图谱。由图可看出，当反应温度为 800 ℃时，所得产物为非晶态。随着反应温度上升到 1 100 ℃，所得产物的主晶相为 β-Y₂Si₂O₇，这与图 6-2(a)的 DSC 曲线的分析是一致的。在 1 100 ℃虽然得到了 β-Y₂Si₂O₇晶相，但是从 XRD 图谱中依然能发现 Y₄.₆₇(SiO₄)₃O 晶相的存在，这说明采用单一的溶胶-凝胶法很难得到纯相的 β-Y₂Si₂O₇。图 6-3(b)是在不同熔盐温度下所得产物的 XRD 图谱。由图可看出，当反应温度为 700 ℃时，所得产物已经以 β-Y₂Si₂O₇晶相为主，但产物中还含有少量的 Y₄.₆₇(SiO₄)₃O 晶相，这说明在此温度下反应物不能完全反应。随着反应温度增加到 750 ℃时，β-Y₂Si₂O₇晶相衍射峰的强度有所增强，但是还存在极少量的 Y₄.₆₇(SiO₄)₃O 晶相。当温度进一步增加到 800 ℃时，除了两个极微小的衍射峰，几乎所有的衍射峰都很好地与 β-Y₂Si₂O₇标准卡片相对应。对 800 ℃所得产物的 XRD 图谱做精修处理（见图 6-4），由图可看出 β-Y₂Si₂O₇晶相的质量百分比为 98.5%，这说明所制备的产物几乎为纯相。由图 6-5 所得产物的 XPS 图谱可看出产物只含有 Y,Si,O 三种元素，这也表明所得产物没有其他杂质。另外从图 6-3(b)中还可以看出，(021)晶面与 β-Y₂Si₂O₇(PDF38-0440)的标准卡片相比有较高的衍射峰强度，这说明所得 β-Y₂Si₂O₇沿(021)晶面取向生长。当反应温度为 850 ℃时，所得产物只有 β-Y₂Si₂O₇晶相，这说明较高的反应温度有利于得到纯相并且结晶性较好的 β-Y₂Si₂O₇。

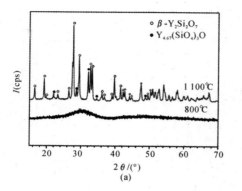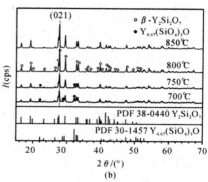

图 6-3　所制备硅酸钇的 XRD 分析

(a)干凝胶在不同温度下热处理后的 XRD 图谱；

(b)干凝胶前驱体与钼酸钠混合物在不同熔盐温度下热处理后所得产物的 XRD 图谱

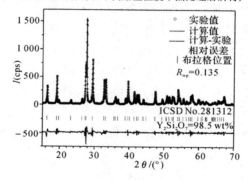

图 6-4　800℃所得产物的 XRD 精修图谱

注：$R_{WP} = [W_i(Y_\alpha - Y_{ci})^2 / W_i Y_\alpha^2]^{112}$ 其中，$R_{WP}$ 代表的是一种相对误差，反应的是计算值与实验值之间的差别，最能反映拟合的优劣，在精修过程中指示差参数的调整方向；$Y_\alpha$ 代表实验峰的强度；$Y_{ci}$ 代表计算峰的强度，$W_i$ 为基于统计的权重因子。

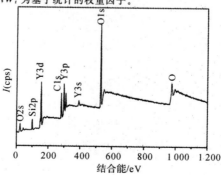

图 6-5　800℃所得产物的 XPS 图谱

（3）所制备硅酸钇的 FT-IR 分析。

图 6-6(a)800℃所得产物的 FT-IR 图谱。图中 1 091 cm⁻¹处的峰对应 β-Y₂Si₂O₇晶体结构中 Si—O—Si 键中 Si 原子和桥接 O 原子之间的伸缩振动峰，见图 6-6(b)。970 cm⁻¹处的峰对应 β-Y₂Si₂O₇晶体结构中和两个钇原子配位并且两个钇原子的连线和 Si—O—Si 垂直的氧原子的 Si—O 键的伸缩振动峰。而 917 cm⁻¹处的峰对应 β-Y₂Si₂O₇晶体结构中和两个钇原子配位并且两个钇原子的连线和 Si—O—Si 平行的氧原子的 Si—O 键的伸缩振动峰，见图 6-6(b)。850 cm⁻¹处的峰对应 β-Y₂Si₂O₇晶体结构中 Si—O 键的多重伸缩振动峰。557 cm⁻¹和 490 cm⁻¹处的峰分别对应 β-Y₂Si₂O₇晶体结构中的 Y—O 键和 Si—O 键的弯曲振动模式。424 cm⁻¹处的峰则归因于 Y—O 键和 Si—O 键的混合弯曲振动模式。基于以上的结果及讨论，证明在 800℃下所制备的产物确实为 β-Y₂Si₂O₇。

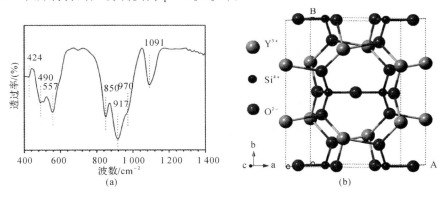

图 6-6 所制备硅酸钇的 FT-IR 分析
(a)800℃所得产物的 FT-IR 图谱；(b)β-Y₂Si₂O₇的晶体结构

（4）所制备硅酸钇的 SEM 分析。

图 6-7(a)所示为干凝胶的 SEM 照片。从图中可看出，所得干凝胶是由粒径为 20～50 nm 的不规则球形颗粒组成的。以这种干凝胶为前驱体制备 Y₂Si₂O₇，研究了熔盐温度对所得产物形貌的影响，如图 6-7(b)～(f)所示。从图中可看出熔盐温度对所得产物的形貌有较大影响。在 700℃热处理 5 h后，所得产物形貌呈现为纳米棒（见图 6-7(b)），这种纳米棒结构是由许多单独的球形颗粒组成的。当反应温度为 750℃时（见图 6-7(c)），所得产物尺寸较为均一，呈现均匀的棒状形貌，其直径约为 50 nm，长度为 1～2 μm（见图 6-7(c)左下角）。当反应温度增加到 800℃时，纳米棒结构进一步生长并且

形貌转变为由许多晶须组装而成的花状结构。另外,重要的是,这种晶须具有较大的长径比,其直径为 $50\sim100$ nm,长度为 $5\sim10$ μm(见图 6-7(d))。对这种晶须做 EDS 能谱(见图 6-7(e))分析表明,所得晶须中所含元素为 Y,Si,O,并且三种元素的原子比为 18.8:17.44:63.76,这约等于 $Y_2Si_2O_7$ 中三种元素的原子比。当进一步提高温度到 850℃时(见图 6-7(f)),这种单一的 $Y_2Si_2O_7$ 晶须开始相互接触并生长成大块状结构,表明过高的反应温度不利于晶须的生长。

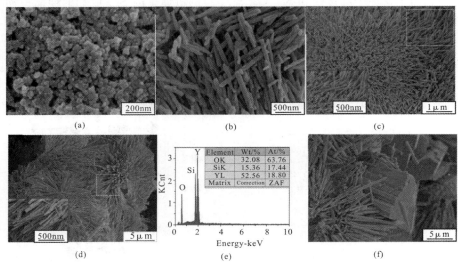

图 6-7  不同熔盐温度下所合成产物的 SEM 照片
(a)干凝胶;(b)700℃;(c)750℃;(d)800℃;(e)800℃所制备产物的 EDS 能谱;(f)850℃

(5)所制备硅酸钇的 TEM 及生长机理分析。

透射电子显微照片以及高倍率透射电子显微照片用来表征 800℃所制备 $\beta-Y_2Si_2O_7$ 的取向生长方向,如图 6-8(a)~(b)所示。$\beta-Y_2Si_2O_7$ 的尺寸和形貌与场发射扫描照片所得结果一致。部分花状结构的 TEM 照片,如图 6-8(a)所示,所得 $\beta-Y_2Si_2O_7$ 的直径为 $50\sim100$ nm。HR-TEM 照片(见图 6-8(b))表明这种纳米线状 $\beta-Y_2Si_2O_7$ 为单晶结构,图中晶面的晶面间距为 0.322 nm,对应 $\beta-Y_2Si_2O_7$(PDF38-0440)晶体的(021)晶面。这表明所制备 $\beta-Y_2Si_2O_7$ 为单晶结构而且沿着垂直于(021)晶面的方向取向生长。

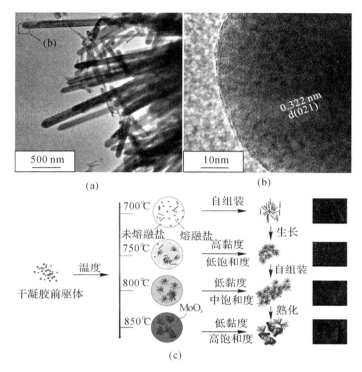

图 6-8　β-Y₂Si₂O₇ 晶须的 TEM 及生长机理分析
(a)800℃所制备产物的 TEM 照片；(b)高倍率 TEM 照片；
(c)β-Y₂Si₂O₇ 的合成机理图

　　基于以上的结果和讨论,我们提出了 β-Y₂Si₂O₇ 晶须的生长机理,如图 6-8(c)所示。为了得到高长径比的 β-Y₂Si₂O₇ 晶须,确保 β-Y₂Si₂O₇ 晶体在 Na₂MoO₄ 熔盐中不同方向的生长速率差是比较关键的。一般情况下,熔盐的黏度随着热处理温度的升高是降低的,这会使晶体在不同方向的生长速率差反而缩小。另外,过大的过饱和度同样也可能使晶体沿不同方向的生长速率差减小。因此,在 700℃ 时,此时温度较低,晶体的生长速率较低,而且熔盐具有较高的黏度,加之在较低温度下,仅有少部分的 Na₂MoO₄ 熔盐挥发,从而造成 β-Y₂Si₂O₇ 在液态熔盐中的过饱和度较低,这些因素都不利于 β-Y₂Si₂O₇ 的生长以及沿一维方向的取向生长。结果,得到产物的形貌为尺寸较小的短棒状硅酸钇晶体。据文献报道,反应物在熔盐中的溶解度对合成晶体影响较大,反应物在熔盐中的溶解度随着温度的升高而增大。当反应温度为 800℃ 时,反应温度适中,熔盐黏度较低,反应物在熔盐中的溶解度适中,晶体生长动力充足,此时在不同方向上晶体的生长速率差较大。这些都有利于硅酸钇晶须的生长,因此能够得到生长发育良好,结晶性较高,具有较大长径比的 $\beta-Y_2Si_2O_7$ 晶须。当温度上升到 850℃时,此时温度较高,虽然熔盐的黏度较低而且晶体生长动力较大,但是,此时晶体沿各个方向的生长的速率差却明显减小。另外,$Na_2MoO_4$ 熔盐的挥发量较大,反而使得硅酸钇在 $Na_2MoO_4$ 液态熔盐中的过饱和度过大,进一步缩小了晶体在不同方向的生长速率差,结果晶体沿二维甚至三维快速生长,最终 $\beta-Y_2Si_2O_7$ 晶须生长为大的块状形貌。

(6)所制备硅酸钇的热物理性能分析。

为了研究 $Y_2Si_2O_7$ 的相转变温度从而确定 $\beta-Y_2Si_2O_7$ 陶瓷的烧结温度。对熔盐法所得 $\beta-Y_2Si_2O_7$ 晶须在不同温度下进行热处理,所对应的 XRD 图谱如图 6-9(a)所示。在 1 400℃下煅烧 5 h 后没有发生相转变,这说明 $\beta-Y_2Si_2O_7$ 晶须具有较好的热和结构稳定性。这些良好的性能归因于 $\beta-Y_2Si_2O_7$ 的晶体结构。$\beta-Y_2Si_2O_7$ 的晶体结构中,氧原子为接近六方密排堆积,Y 原子处于八面体间隙,Si 原子处于四面体间隙(见图 6-6(b))。当煅烧温度为 1 450℃时,大部分 $\beta-Y_2Si_2O_7$ 转变为 $\gamma-Y_2Si_2O_7$,但依然有少量的 $\beta-Y_2Si_2O_7$ 存在。经过 1 500℃ 热处理 5 h 后,得到纯相的 $\gamma-Y_2Si_2O_7$,这说明在适当的温度煅烧 $\beta-Y_2Si_2O_7$ 是制备纯相 $\gamma-Y_2Si_2O_7$ 的一个有效方法。根据以上分析,制备 $\beta-Y_2Si_2O_7$ 陶瓷的煅烧温度定为 1 400℃。图 6-9(b)是 1 400℃下煅烧 5 h 后的 $\beta-Y_2Si_2O_7$ 陶瓷的表面 SEM 照片。从图中可看出,所制备的陶瓷试样表面还在一定程度上保留着晶须的原始形貌。为了研究 $\beta-Y_2Si_2O_7$ 陶瓷的热物理性能,$\beta-Y_2Si_2O_7$ 陶瓷的导热系数以及热膨胀系数随温度的变化曲线如图 6-9(c)(d)所示。从图 6-9(c)中可看出,在 473 K-1 473 K 的温度范围内,$\beta-Y_2Si_2O_7$ 陶瓷的导热系数随温度升高而降低,这归因于晶格热传导。$\beta-Y_2Si_2O_7$ 陶瓷在 473 K 和 1 473 K 的导热系数分别为 3.85 $W \cdot m^{-1} \cdot K^{-1}$ 和 1.84 $W \cdot m^{-1} \cdot K^{-1}$。由图 6-9(d)是 $\beta-Y_2Si_2O_7$ 陶瓷在室温到 1 373 K 下的热膨胀系数曲线。从图中可看出 $\beta-Y_2Si_2O_7$ 陶瓷的热膨胀系数为 $3.88 \times 10^{-6} K^{-1}$,这比较接近莫来石、SiC 和 $Si_3N_4$ 陶瓷。由于 $\beta-Y_2Si_2O_7$ 与莫来石、SiC 和 $Si_3N_4$ 陶瓷的热膨胀系数比较接近,$\beta-Y_2Si_2O_7$ 晶须作为这些材料的增韧材料时,有望产生较小的应力并阻止裂纹的扩展从而使涂层具有较好的抗氧化性能。

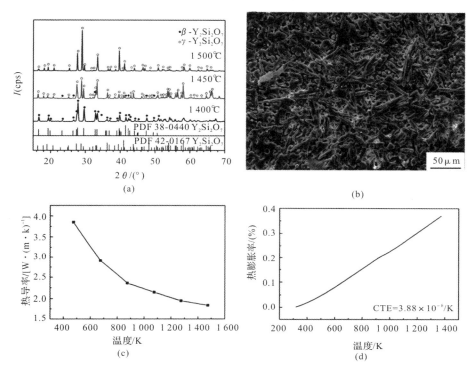

图 6-9　所制备硅酸钇的结构表征图及热物理性能分析

(a)熔盐法所得 β-Y₂Si₂O₇ 在不同温度下煅烧后的 XRD 图谱；

(b)1 400℃下煅烧 5 h 后的 β-Y₂Si₂O₇ 陶瓷的表面 SEM 照片；

(c)β-Y₂Si₂O₇ 陶瓷的导热系数曲线；

(d)β-Y₂Si₂O₇ 陶瓷的热膨胀系数曲线

# 6.2　β-Y₂Si₂O₇晶须增韧 Y₂Si₂O₅层的制备及抗氧化性能研究

## 6.2.1　实验试剂及仪器

(1)实验试剂。

本实验所用化学试剂见表 6-3。

表 6 - 3　实验用试剂列表

| 名　称 | 化学式 | 纯度等级 | 生产厂商 |
|---|---|---|---|
| 硅酸钇晶须 | $\beta - Y_2Si_2O_7$ | | 自制 |
| 硅酸钇 | $Y_2SiO_5$ | | 自制 |
| 氧化钇 | $Y_2O_3$ | AR | 国药集团 |
| 氧化铝 | $Al_2O_3$ | AR | 国药集团 |
| 氧化硅 | $SiO_2$ | AR | 国药集团 |
| 异丙醇 | $(CH_3)_2CHOH$ | AR | 国药集团 |
| 单质碘 | $I_2$ | AR | 国药集团 |
| 硅溶胶 | | | 自制 |

（2）实验仪器。

本实验所用实验仪器见表 6 - 4。

表 6 - 4　实验仪器列表

| 设备名称 | 生产厂家 | 型　号 |
|---|---|---|
| 真空管式炉 | 合肥科晶材料科技有限公司 | GXL - 1600X |
| 高温炉 | Nober therm | P 310 |
| 金相试样切割机 | 上海金相机械设备有限公司 | SYJ - 160 |
| 水热釜 | 自行设计改装 | 270 mL |
| 金相试样预磨机 | 上海金相机械设备有限公司 | YM - 2A |
| 脉冲直流稳压稳流开关电源 | 扬州双鸿电子有限公司 | WWL - PD |
| 行星式球磨机 | 南京大学仪器厂 | QM - 3SP4 |

## 6.2.2　实验用粉体的准备

$\beta - Y_2Si_2O_7$ 晶须为熔盐法在 800 ℃ 下制备的产物，$Y_2SiO_5$ 粉体也采用熔盐法制备，具体制备工艺与 $\beta - Y_2Si_2O_7$ 晶须的制备方法类似，只是在制备前驱体溶液时，调控物质的量比为 $Y(NO)_3 \cdot 6H_2O$：TEOS＝2∶1，其余步骤与 6.1.2 节类似。图 6 - 10(a)所示为采用熔盐法制得的 $\beta - Y_2Si_2O_7$ 晶须的 XRD 图谱，由图可看出所得晶须为纯相的 $\beta - Y_2Si_2O_7$，并且有较强的衍射峰强度，说明晶须的结晶性良好。由图 6 - 10(b)可看出，$\beta - Y_2Si_2O_7$ 晶须尺寸较均一，其直径为 50～100 nm，长度为 5～10 $\mu m$，较大的长径比使其能在涂层中起到良好的增韧效果。图 6-10(c)所示为采用熔盐法制得的 Y$_2$SiO$_5$ 的 XRD 图谱,由图可看出,所得Y$_2$SiO$_5$为 X2 高温型硅酸钇。图 6-10(d)是 Y$_2$SiO$_5$ 的 SEM 照片,从图中可看出,所制备硅酸钇粉体的粒径约为 200 nm,而且粉体粒径均一。

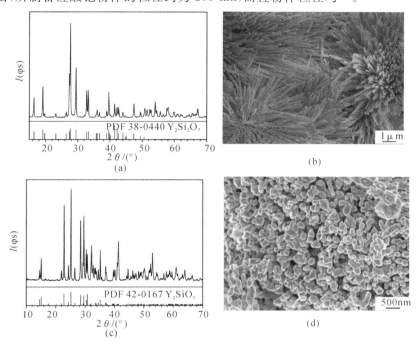

图 6-10   实验用粉体的结构表征图

(a)熔盐法所得 β-Y$_2$Si$_2$O$_7$ 晶须 XRD 图谱;(b)熔盐法所得 β-Y$_2$Si$_2$O$_7$ 晶须 SEM 照片;
(c)熔盐法 Y$_2$SiO$_5$ 粉体 XRD 图谱;(d)熔盐法所得 Y$_2$SiO$_5$ 粉体 SEM 照片

### 6.2.3   脉冲电弧放电沉积法结合热浸渍法制备 β-Y$_2$Si$_2$O$_7$ 晶须增韧 Y$_2$SiO$_5$／YAS 涂层

首先取 3.57 g Y$_2$SiO$_5$ 粉体,1.53 g β-Y$_2$Si$_2$O$_7$ 晶须,分散于 170 mL 异丙醇中,再将悬浮液放入超声波发生器中超声 10 min,取出后放入磁转子,放置在磁力搅拌器上搅拌 12 h,得悬浮液 A;向悬浮液 A 中加入 0.51 g 碘单质(提高悬浮液的电导率),然后密封放在磁力搅拌器上搅拌并加热,搅拌时间 2 h,加热温度 60℃,得溶液 B;将悬浮液 B 倒入水热釜内,然后将带有 SiC 涂层的 C/C 复合材料试样夹在水热釜内的阴极夹上,阳极为石墨,然后将水热釜密封后放入烘箱中。最后,将脉冲电镀电源与水热釜的电极用导线连接,进行电沉积。沉积过程中,控制烘箱温度为 100℃,脉冲电压 400 V,脉冲占空比为 50%,脉冲频率 2 000 Hz,沉积时间 10 min。多次沉积后关闭装置电源;打开上述装置,取出试样,然后经干燥即得 C/C 复合材料 β-$Y_2Si_2O_7$ 晶须增韧 $Y_2SiO_5$ 涂层试样。

将自制 YAS 玻璃粉($Y_2O_3$,$Al_2O_3$,$SiO_2$ 以物质的量比为 12.2:22:65.8 组成的混合粉体)在蒸馏水中分散,然后加入硅溶胶形成悬浮液 C,其中蒸馏水与硅溶胶的体积比为 3:1,且悬浮液 C 中粉料浓度为 200 g/L,将悬浮液 C 超声分散 10 min,然后在磁力搅拌器上搅拌 2 h,得悬浮液 D。

将所得的 β-$Y_2Si_2O_7$ 晶须增韧 $Y_2SiO_5$ 涂层试样在马弗炉中于 250℃进行预热,预热时间 8 min。将预热后的试样从马弗炉中取出即刻浸泡于悬浮液 D 中 1 min 进行热浸渍。取出热浸渍后的试样于乙醇中超声清洗,并在 60℃下干燥 3 min。重复浸渍干燥 20 次,得到 β-$Y_2Si_2O_7$ 晶须增韧 $Y_2SiO_5$/ $Y_2O_3$-$Al_2O_3$-$SiO_2$ 复合抗氧化涂层。

将所得的 β-$Y_2Si_2O_7$ 晶须增韧 $Y_2SiO_5$/YAS 复合抗氧化涂层试样在高温气氛炉中在氩气保护下于 1 400℃处理 2 h,升温速率 10℃/min,之后随炉冷却,即得 β-$Y_2Si_2O_7$ 晶须增韧 $Y_2SiO_5$/YAS 微晶玻璃复合抗氧化涂层试样。工艺流程图如图 6-11 所示。

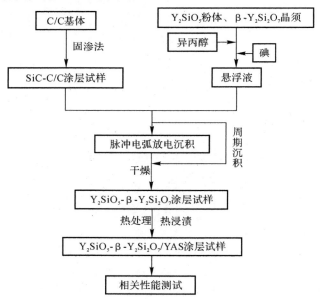

图 6-11 脉冲电弧放电沉积法结合热浸渍法制备 β-$Y_2Si_2O_7$ 晶须增韧 $Y_2SiO_5$/YAS 涂层工艺流程图

### 6.2.4　涂层试样的测试及表征

（1）X 射线衍射分析。

试样的晶相组成采用日本理学 Rigaku 公司的 D/MAX－2200PC 型 X 射线衍射仪进行测定。测试条件：Cu 靶，Kα 射线（λ＝0.154 18 nm），管电压 40 kV，管电流 40 mA，扫描角度 10°～70°，扫描速率 8°/min。

（2）显微结构及能谱分析。

所制备涂层试样的表面和横断面形貌通过日本株式会社生产的 JSM－6390A 型 SEM 进行观察（加速电压为 30 kV，工作距离为 11 mm，最高放大倍数为 30 000），试样所含元素及分布利用其带有的能谱仪进行分析。

（3）涂层试样的结合强度测定。

采用涂层附着力自动划痕仪（WS－2005）测试涂层试样的结合强度。测试条件为标准压头为金刚石、锥角 120°、尖端半径 $R＝0.2$ mm；划痕长度为 5 mm；加载范围为 0～20 N。

（4）氧化防护能力及抗热震性能的测试。

将涂层试样置于特定温度的高温炉中进行氧化性能测试，测试前测得试样的初始质量 $m_0$，氧化一定时间后的质量记为 $m_t$。通过下式计算得到试样质量损失百分比 $\Delta W$：

$$\Delta W = \frac{m_0 - m_t}{m_0} \times 100\% \qquad (6-4)$$

### 6.2.5　小结

（1）脉冲电弧放电沉积法结合热浸渍法制备外涂层示意图。

图 6－12（a）所示为 β－Y$_2$Si$_2$O$_7$ 晶须增韧 Y$_2$SiO$_5$/YAS 涂层的制备示意图。首先，采用脉冲电弧放电沉积法在 SiC 内涂层表面制备 β－Y$_2$Si$_2$O$_7$ 晶须增韧 Y$_2$SiO$_5$ 涂层，通过调整相应的制备工艺参数，使所制备的涂层为多孔的涂层，这种多孔的涂层虽然不能有效地阻止氧气的扩散，但这种多孔的结构有利于缓解涂层应力，从而能在一定程度上提高涂层的韧性，阻止裂纹的扩展。另外，为了进一步提高涂层的抗氧化性能，在制备了 β－Y$_2$Si$_2$O$_7$ 晶须增韧 Y$_2$SiO$_5$ 涂层的表面通过热浸渍法制备了一层 YAS 微晶玻璃层。这样，多孔 β－Y$_2$

$Si_2O_7$ 晶须增韧 $Y_2SiO_5$ 可以缓解涂层中的内应力,提高陶瓷涂层的韧性,YAS 微晶玻璃层的加入,可以有效阻止氧气的扩散。这样,相互协同,最终使整个涂层既具有良好的抗热震性能,又具有良好的抗氧化性能。由图所制备涂层的宏观照片(见图6-12(b)(c))可看出所制备的 $\beta - Y_2Si_2O_7$ 晶须增韧 $Y_2SiO_5$ 涂层比较平整均匀。当制备了 YAS 微晶玻璃层后,整个涂层试样表面十分光亮,这说明 YAS 微晶玻璃层在内涂层中铺展得很好,而且比较均匀,这对于提高涂层的抗氧化性能是比较有利的。

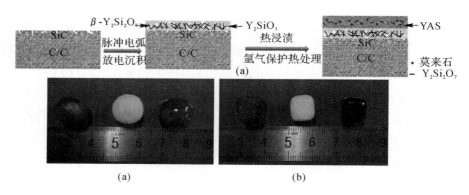

图 6-12 涂层的制备示意图及宏观照片

(a) $\beta - Y_2Si_2O_7$ 晶须增韧 $Y_2SiO_5$/YAS 涂层制备示意图;

(b)球形试样宏观照片;(c)方形试样宏观照片

(2)所制备涂层的表面 XRD 分析。

图 6-13 为所制备涂层的表面 XRD 图谱。由图 6-13(a)可看出,脉冲电弧放电沉积法制备的涂层的主要物相为 $Y_2SiO_5$ 和 $\beta - Y_2Si_2O_7$。涂层中没有出现 SiC 的衍射峰,这说明所制备涂层具有一定厚度。这也与我们的实验设计一致。当采用热浸渍法制备了 YAS 微晶玻璃层后,图 6-13(b)中有多种物相的存在,分别为 $Y_2Si_2O_7$、莫来石、$SiO_2$、$Y_2O_3$ 和 $Al_2O_3$。涂层中出现 $Y_2Si_2O_7$、莫来石这两种物相的原因可能是在热处理过程中,$SiO_2$ 分别与 $Y_2O_3$ 和 $Al_2O_3$ 发生如下反应:

$$2SiO_2\,(s)+Y_2O_3(s) \rightarrow Y_2Si_2O_7(s) \qquad (6-5)$$

$$2SiO_2\,(s)+3Al_2O_3(s) \rightarrow 3Al_2O_3 \cdot 2SiO_2(s) \qquad (6-6)$$

在热处理过程中产生的这种 $Y_2Si_2O_7$、莫来石晶相,会弥散分布在玻璃中,在后续的抗氧化及抗热震过程中可以对涂层中产生的裂纹起到钉扎的作用,从而阻止裂纹的进一步扩展,提高玻璃涂层的韧性。另一方面,这些晶相能提高玻璃涂层的稳定性,从而减少玻璃层在高温下的挥发,提高玻璃涂层的抗氧化性能。

(3)所制备涂层的 SEM 分析。

图 6-14(a)所示为 β-Y₂Si₂O₇晶须增韧 Y₂SiO₅涂层试样的表面 SEM 照片。从图中可看出,所制备涂层试样表面为多孔结构,但涂层整体比较平整均匀,β-Y₂Si₂O₇晶须均匀地分布在涂层中,均匀分布的晶须在抗热震、抗氧化过程中有利于提高陶瓷涂层的韧性。图 6-14(b)是制备了 YAS 玻璃层后的涂层试样的 SEM 照片。从图中可看出,涂层表面形成了致密的玻璃层,玻璃层中出现了大量的难熔物质,这些物质弥散分布在玻璃层中。对不同区域的难熔物质做 EDS 能谱分析。图 6-14(c)是图 6-14(b)中 1 处的物质 EDS 能谱图,从图中可看出,该处的物质所含元素为 Y,Si,O。结合图 6-13 XRD 分析可知,该处的物质可能为 Y₂Si₂O₇。图 6-14(d)是图 6-14(b)2 处的物质 EDS 能谱图,该处物质所含元素为 Al,Si,O。结合图 6-13 XRD 分析可知,该处的物质可能为莫来石。基于以上分析,我们发现通过脉冲电弧放电沉积制备出了多孔的 β-Y₂Si₂O₇晶须增韧 Y₂SiO₅涂层,接着通过热浸渍法在其表面成功制备出晶相颗粒弥散分布的致密的 YAS 玻璃涂层。这与我们初始的实验设计一致。多孔的晶须增韧层缓解涂层应力,致密的玻璃层有效阻止氧气的扩散,弥散分布的晶相颗粒对裂纹起到钉扎作用,这样,优势互补使得涂层整体有望具有良好的抗氧化和抗热震性能。

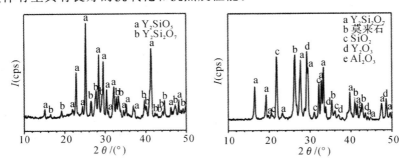

图 6-13 所制备涂层的表面 XRD 图谱

(a)β-Y₂Si₂O₇晶须增韧 Y₂SiO₅涂层试样;(b)制备 YAS 玻璃层后的涂层试样

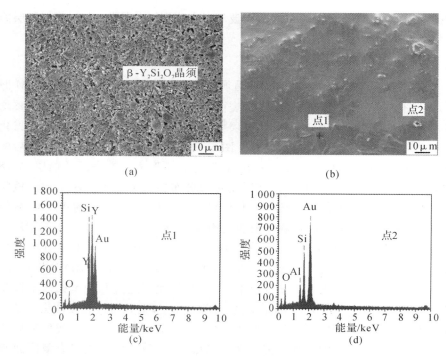

图 6-14  所制备涂层的表面 SEM 照片

(a)β-$Y_2Si_2O_7$晶须增韧 $Y_2SiO_5$涂层试样；
(b)制备 YAS 微晶玻璃层后的涂层试样；(c)图(b)1 处的 EDS 能谱；(d)图(b)2 处的 EDS 能谱

由图(6-15)可看出，所制备涂层的厚度约为 100 $\mu m$，涂层整体厚度均匀，在试样中存在较多微孔，这与涂层的表面形貌相对应。此外 β-$Y_2Si_2O_7$晶须增韧 $Y_2SiO_5$涂层与 SiC 内涂层结合紧密，涂层之间没有微裂纹的出现，这说明内外涂层之间的润湿性较好，不存在明显的热膨胀系数失配的现象。图 6-15(b)是图 6-15(a)的局部放大图，从图中可看出涂层的断面比较粗糙，晶须以原始形状随机分布在涂层中，这有利于提高涂层的增韧效果。另外，存在一些与断面垂直拔出的晶须，这对提高涂层的断裂韧性是非常有利的。对拔出的晶须进行 EDS 能谱分析(见图 6-15(c))，该处晶须所含元素主要为 Y，Si，O，说明 β-$Y_2Si_2O_7$晶须被成功引入到以 $Y_2SiO_5$为基体的涂层中，并且与基体之间结合紧密。图 6-15(d)是 β-$Y_2Si_2O_7$晶须增韧 $Y_2SiO_5$涂层试样的断面 EDS 能谱。EDS 线扫描分析表明，整个涂层试样可分为三个区域，分别对应 C/C 复合材料基体、SiC 内涂层、β-$Y_2Si_2O_7$晶须增韧 $Y_2SiO_5$涂层。这与起始实验设计的涂层体系、XRD、表面 SEM 分析比较符合，各层之间界面结合较好,没有明显的裂纹出现,涂层厚度均一。

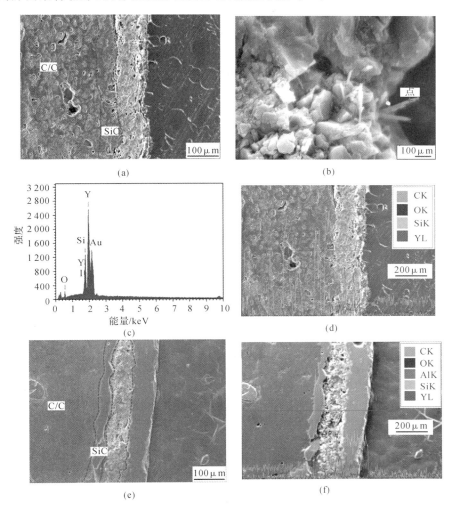

图 6-15  所制备涂层的断面分析

(a)β-Y₂Si₂O₇晶须增韧 Y₂SiO₅涂层试样的断面 SEM 照片;

(b)(a)的局部放大图;(c)图(b)中某处的 EDS 能谱;

(d)β-Y₂Si₂O₇晶须增韧 Y₂SiO₅涂层试样的断面 EDS 能谱;

(e)β-Y₂Si₂O₇晶须增韧 Y₂SiO₅/YAS涂层试样的断面 SEM 照片;

(f)β-Y₂Si₂O₇晶须增韧 Y₂SiO₅/YAS涂层试样的断面 EDS 能谱

图 6-15(e)是制备了 YAS 玻璃层后的涂层试样的断面 SEM 照片。从图中可看出,所制备涂层的厚度约为 100 μm,涂层整体厚度均匀。此外,涂层

非常致密,均匀地分布在 $\beta$ - $Y_2Si_2O_7$ 晶须增韧 $Y_2SiO_5$ 涂层上,与中间层之间的界面比较明显,但是涂层之间的结合是非常紧密的,没有微裂纹的出现,这说明 YAS 玻璃外涂层与 $\beta$ - $Y_2Si_2O_7$ 晶须增韧 $Y_2SiO_5$ 涂层之间的润湿性以及热膨胀系数匹配得非常好。这对于提高涂层的抗热震及抗氧化性能是十分有利的。图 6-15(f)是制备了 YAS 玻璃层后的涂层试样的断面 EDS 线扫描能谱。从图中可知,多层涂层可分为 4 个区域,分别对应 C/C 复合材料基体、SiC 内涂层、$\beta$ - $Y_2Si_2O_7$ 晶须增韧 $Y_2SiO_5$ 涂层和 YAS 玻璃层。此外,我们发现,各涂层之间有明显的界面,但涂层之间紧密结合。

(4)所制备涂层的划痕测试分析。

声发射划痕测试用来表征涂层与基体之间的结合强度。图 6-16(a)所示为涂层试样的负载-声发射曲线。声发射的第一个信号表示涂层的附着力。由图可知,$\beta$ - $Y_2Si_2O_7$ 晶须增韧 $Y_2SiO_5$ 涂层试样的涂层附着力为 3.3 N,表明采用脉冲电弧放电沉积法所制备的 $\beta$ - $Y_2Si_2O_7$ 晶须增韧 $Y_2SiO_5$ 涂层具有较好的附着力。当在涂层表面制备了 YAS 玻璃层后,涂层的附着力有所增加,达到 4.25 N。这说明玻璃层的加入在一定程度上提高了涂层的附着力。摩擦力划痕测试用来进一步表征涂层与基体之间的结合强度。图 6-16(b)是涂层试样的负载-摩擦力曲线。划针将涂层划破或涂层脱落时,摩擦力会发生较大的变化。从图中可以看出,$\beta$ - $Y_2Si_2O_7$ 晶须增韧 $Y_2SiO_5$ 涂层试样的涂层附着力为 3.3 N,$\beta$ - $Y_2Si_2O_7$ 晶须增韧 $Y_2SiO_5$/YAS 涂层的附着力为 4.2 N。结果表明,负载-声发射及负载-摩擦力测试结果一致。当制备了 YAS 微晶玻璃涂层后,涂层的界面结合强度增加。这可能是由于 YAS 微晶玻璃层的加入能在一定程度上弥补内涂层的缺陷,从而使涂层整体的附着力增加。

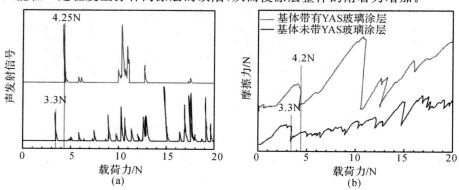

图 6-16　所制备涂层的划痕测试分析
(a)涂层试样的负载-声发射曲线;(b)涂层试样的负载-摩擦力曲线

（5）所制备涂层的抗热震及抗氧化性能分析。

图 6-17(a)所示为涂层试样在 1 400℃和室温之间热震测试的质量损失曲线。对于 β- $Y_2Si_2O_7$ 晶须增韧 $Y_2SiO_5$ 涂层试样，随着热循环次数的增加，涂层试样的质量损失随着热震次数的增加而急剧增加，这可能是因为脉冲电弧放电沉积法所制备的涂层的孔隙率较高，在热震测试过程中，氧气快速扩散到基体导致的。经过 50 次热循环后，涂层试样的质量损失率为 2.06％。当在其表面制备了玻璃层后，涂层试样的失重曲线的斜率变小。经过 50 次热循环后，涂层试样的质量损失率仅为 1.05％。这说明这种 β- $Y_2Si_2O_7$ 晶须增韧 $Y_2SiO_5$/YAS涂层能有效提高所制备涂层的抗热震性能。图 6-17(b)是涂层试样在 1 400℃静态空气中的氧化曲线。从图中可以看出，所制备的 β- $Y_2Si_2O_7$ 晶须增韧 $Y_2SiO_5$ 涂层试样能在 1 400℃下对 C/C 复合材料有效保护一段时间，但是氧化保护能力有限，在氧化 176 h 后失重率为 1.71％。而制备的 β- $Y_2Si_2O_7$ 晶须增韧 $Y_2SiO_5$/YAS 涂层试样的高温氧化保护能力明显提高，在氧化 176 h 后失重率仅为 0.86％。这可能是由于玻璃层的制备，有效地隔绝了氧气，使氧气很难扩散到基体中，从而提高涂层的抗氧化性能。

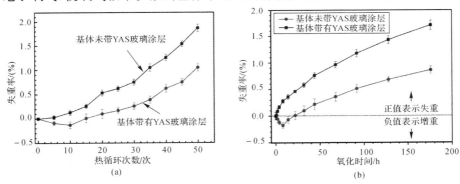

图 6-17　所制备涂层的抗热震及抗氧化性能分析
(a)涂层试样在 1 400℃和室温之间热震测试的质量损失曲线；
(b)涂层试样在 1 400℃空气气氛下的抗氧化失重曲线

在初始氧化阶段(0～8 h)，涂层试样表现出持续增重的特征，在氧化 8 h 后，涂层试样增重率 0.18％。这可能是由于在初始氧化阶段，氧气会通过外涂层的部分显微缺陷扩散到外涂层与 SiC 内涂层的界面(见图 6-18(a))，SiC 内涂层发生如下式的化学反应，产生了 $SiO_2$ 玻璃相。

$$SiC(s) + O_2(g) \rightarrow SiO(g) + CO(g) \qquad (6-7)$$
$$SiC(s) + 2O_2(g) \rightarrow SiO_2(s) + CO_2(g) \qquad (6-8)$$

由于氧化时间相比涂层制备过程的热处理时间较长,因此,在氧化过程中,涂层中 $SiO_2$ 会持续分别与 $Y_2O_3$ 和 $Al_2O_3$ 发生如式(6-4)和式(6-5)反应,产生更多的 $Y_2Si_2O_7$ 及莫来石晶相(见图6-19(a)(b))。此时,涂层试样的增重率达到最大,涂层表面形成非常致密均匀光滑无裂纹的玻璃层,涂层能很好地阻止氧气的扩散。而且 YAS 玻璃中出现这些晶相,对涂层整体的抗氧化性能提升是十分有利的。另外,观察图6-18(b)可发现,$\beta-Y_2Si_2O_7$ 晶须增韧 $Y_2SiO_5$ 层与 YAS 层之间的界面消失了。这可能是因为,随着氧化时间的延长,熔融的玻璃层会逐渐封填 $\beta-Y_2Si_2O_7$ 晶须增韧 $Y_2SiO_5$ 涂层中的缺陷,使得涂层整体逐渐致密。随着氧化时间进一步延长至8~32 h,涂层的增重趋势减缓,开始出现失重趋势,但涂层试样的失重速率相对比较缓慢,在氧化了32 h后,涂层的失重率仅为 0.1%,在该阶段失重的主要原因是由于玻璃层在高温下的缓慢挥发。此时,涂层中出现了微裂纹(见图6-18(c))。但是,这种微裂纹对涂层抗氧化性能影响不大,一方面当涂层试样再次加热到预定温度时,涂层中充足的玻璃相会及时愈合这些微裂纹;另一方面,玻璃相中 $Y_2Si_2O_7$ 及莫来石晶相会对微裂纹产生一定的钉扎作用,使得裂纹难以进行进一步的扩展;此外,从图6-18(c)中发现,涂层中出现的这些晶相大都为针状或棒状物质,这种针状或棒状物质,在氧化过程中会在裂纹两端发生桥接,裂纹遇到这些物质也会发生偏转等现象(见图6-19(c))。这有利于提高涂层的韧性。氧化32 h后,涂层内出现少量的孔洞,但是内外涂层之间以及涂层与基体之间依然贴合紧密,并未出现明显的裂纹(见图6-18(d))。随着氧化时间进一步延长到176 h,涂层的失重率达到 0.86%,涂层表面出现了较多的孔洞及裂纹,在这一阶段,氧化时间较长,一方面玻璃层会逐渐挥发,另一方面,在抗氧化测试过程中不可避免的热震过程会使得涂层中产生微裂纹。玻璃层的挥发,使得其不能及时愈合涂层中的微裂纹,最终,氧气将会透过玻璃层扩散与 C/C 基体发生反应(见图6-19(d)),具体反应见下式进而产生一氧化碳和二氧化碳气体。

$$2C(s)+O_2(g) \rightarrow 2CO(g) \tag{6-9}$$

$$C(s)+O_2(g) \rightarrow CO_2(g) \tag{6-10}$$

在高温下,随着生成气体的量逐渐增多,大量气体便会从反应的界面处扩散出去。气体的溢出不可避免地在涂层中留下微孔见图6-18(e)(f)。另外,涂层试样在室温与高温之间的热循环程中,涂层与基体间的热失配易导致热应力的产生与扩展,进而引起涂层表面与截面中微裂纹的生成。这些缺陷的存在更有利于氧气向 C/C 复合材料基体扩散,从而使得大量的 C/C 基体被氧化,最后造成涂层试样的失效。

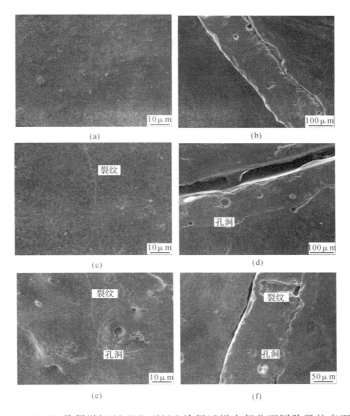

图 6-18　β−$Y_2Si_2O_7$晶须增韧 $Y_2SiO_5$/YAS 涂层试样在氧化不同阶段的表面 SEM 照片
以及断面 SEM 照片

(a)8 h;(b)8 h;(c)32 h;(d)32 h;(e)176 h;(f)176 h

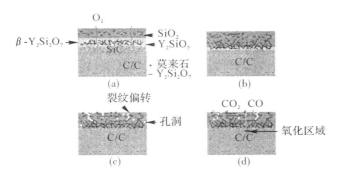

-19　β−$Y_2Si_2O_7$晶须增韧 $Y_2SiO_5$/YAS 涂层试样的氧化机理图

(a)氧化初期;(b)(c)氧化中期;(d)氧化末期

# 6.3　本　章　小　结

1)采用熔盐法成功制备出 $\beta - Y_2Si_2O_7$ 晶须。熔盐法能显著降低反应温度,所制备的花状硅酸钇由直径为 $50 \sim 100$ nm,长度为 $5 \sim 10$ $\mu$m 的 $\beta - Y_2Si_2O_7$ 晶须组成。这些 $\beta - Y_2Si_2O_7$ 晶须沿垂直于(021)晶面取向生长。另外,对应的 $\beta - Y_2Si_2O_7$ 陶瓷具有较低的热膨胀系数($3.88 \times 10^{-6}$ K$^{-1}$)和较低的导热系数($1.84$ W$\cdot$(m$\cdot$K)$^{-1}$)。这使得其可以作为良好的增韧材料。

2)采用脉冲电弧放电沉积法结合热浸渍法制备的 $\beta - Y_2Si_2O_7$ 晶须增韧 $Y_2SiO_5$/YAS 涂层有良好的附着力(4.2 N),在经过从室温到 1 400 ℃ 的 50 次热循环后,失重率仅有 1.05%。在 1 400 ℃ 的静态空气气氛条件下经过 176 h 的高温氧化后,失重率仅为 0.86%。

# 参　考　文　献

[1] FAN X G, WANG H J, NIU M, et al. Effects of different sintering additives on the synthesis of $\gamma - Y_2Si_2O_7$ powders[J]. Ceramics International,2016,42(13):14813 – 14817.

[2] LEE K N, FOX D S, BANSAL P. Rare earth silicate environmental barrier coatings for SiC/SiC composites and Si$_3$N$_4$ ceramics[J]. Journal of the European Ceramic Society,2005,25(10):1705 – 1715.

[3] WU Z, SUN L C, WAN P, et al. In situ foam – gelcasting fabrication and properties of highly porous $\gamma - Y_2Si_2O_7$ ceramic with multiple pore structures[J]. Scripta Materialia,2015,103:6 – 9.

[4] HUANG J F, LI H J, ZENG X R, et al. Oxidation resistant yttrium silicates coating for carbon/carbon composites prepared by a novel in – situ formation method[J]. Ceramics International, 2007, 33(5): 887 – 890.

[5] HUANG J F, LI H J, ZENG X R, et al. A new SiC/yttrium silicate/ glass multi – layer oxidation protective coating for carbon/carbon composites[J]. Carbon,2004,42(11):2356 – 2359.

[6] SUN Z Q, LI M S, ZHOU Y C. Recent progress on synthesis, multi – scale structure, and properties of Y – Si – O oxides[J]. International

Materials Reviews，2014，59(7)：357－383.

[7] SUN Z Q, ZHOU Y C, WANG J Y, et al. $\gamma - Y_2Si_2O_7$, a machinable silicate ceramic: mechanical properties and machinability[J]. Journal of the American Ceramic Society，2007，90(8)：2535－2541.

[8] SUN Z Q, ZHOU Y C, WANG J Y, et al. Thermal properties and thermal shock resistance of $\gamma - Y_2Si_2O_7$[J]. Journal of the American Ceramic Society，2008，91(8)：2623－2629.

[9] SUN Z Q, ZHOU Y C, LI M S. Low－temperature synthesis and sintering of $\gamma - Y_2Si_2O_7$[J]. Journal of Materials Research，2011，21(06)：1443－1450.

[10] PARMENTIER J, BODART P R, LUDOVIC A, et al. Phase transformations in gel－derived and mixed－powder－derived yttrium disilicate, $Y_2Si_2O_7$, by X－Ray Diffraction and $^{29}$Si MAS NMR[J]. Journal of Solid State Chemistry，2000，149：16－20.

[11] BECERRO A I, NARANJO M, ALBA M D, et al. Structure－directing effect of phyllosilicates on the synthesis of y－$Y_2Si_2O_7$. Phase transitions in $Y_2Si_2O_7$[J]. Journal of Materials Chemistry，2003，13(7)：1835.

[12] HUANG Z, LI F L, JIAO C P, et al. Molten salt synthesis of $La_2Zr_2O_7$ ultrafine powders[J]. Ceramics International，2016，42(5)：6221－6227.

[13] SCHLICHTING K W, PADTURE N P, KLEMENS P G. Thermal conductivity of dense and porous yttria－stabilized zirconia[J]. Journal of Materials Science，2001，36：3003－3010.

[14] ZHAO C, WANG F, SUN Y J, et al. Synthesis and characterization of $\beta - Yb_2Si_2O_7$ powders[J]. Ceramics International，2013，39(5)：5805－5811.

[15] KHAN Z S, ALI A, NAZIR Z, et al. Effect of calcination temperature on the degree of polymorphic transformation in $Y_2SiO_5$ nanopowders synthesized by sol－gel method[J]. Journal of Non－Crystalline Solids，2016，432：540－544.

[16] DíAZ M, PECHARROMáN C, DEL M F, et al. Synthesis, Thermal Evolution, and Luminescence Properties of Yttrium Disilicate Host Matrix[J]. Chemistry of Materials，2005，17(7)：1774－1782.

[17] LI Z S, ZHANG S W, LEE W. Molten salt synthesis of LaAlO$_3$ powder at low temperatures [J]. Journal of the European Ceramic Society, 2007, 27(10): 3201 – 3205.

[18] CHEN H F, GAO Y F, LIU Y, et al. Hydrothermal synthesis of ytterbium silicate nanoparticles [J]. Inorg Chem, 2010, 49 (4): 1942 – 1946.

[19] ZHANG H S, YAN S Q, CHEN X G. Preparation and thermophysical properties of fluorite – type samarium – dysprosium – cerium oxides [J]. Journal of the European Ceramic Society, 2014, 34(1): 55 – 61.

[20] LI X M, YIN X W, ZHANG L T, et al. Comparison in microstructure and mechanical properties of porous Si$_3$N$_4$ ceramics with SiC and Si$_3$N$_4$ coatings [J]. Materials Science and Engineering: A, 2009, 527(1 – 2): 103 – 109.

[21] WANG W, ZHOU C J, LIU G W, et al. Molten salt synthesis of mullite whiskers on the surface of SiC ceramics[J]. Journal of Alloys and Compounds, 2014, 582: 96 – 100.

[22] YAO D J, LI H J, WU H, et al. Ablation resistance of ZrC/SiC gradient coating for SiC – coated carbon/carbon composites prepared by supersonic plasma spraying[J]. Journal of the European Ceramic Society, 2016, 36(15): 3739 – 3746.

[23] 黄剑锋. 碳/碳复合材料高温抗氧化 SiC/硅酸盐复合涂层的制备、性能与机理研究 [D]. 西安:西北工业大学, 2004.

# 第7章
# 莫来石晶须增韧硅酸盐玻璃涂层的制备及性能研究

## 7.1 莫来石晶须增韧硅酸盐玻璃涂层的制备及表征

　　涂层技术被认为是解决 C/C 复合材料氧化问题的重要方法。与 C/C 复合材料良好的物化相容性使得 SiC 成为最适合作内涂层的材料。但是,SiC 涂层表面通常由于与 C/C 复合材料热膨胀系数不匹配而存在裂纹。过去十几年,研究者大都利用玻璃涂层的自愈合性能来解决这一问题。但是,由于玻璃层固有的脆性,当涂层在室温与高温之间进行热循环时,玻璃层也容易开裂甚至脱落。

　　为了解决涂层的脆性问题,一个有效的方法便是在涂层中引入第二相增韧材料,例如,晶须、纳米线、纳米带、纳米管等。在过去的几年里,也发展了众多技术在涂层中引入这些增韧材料,通常有料浆法、化学气相沉积法、前驱物浸渍裂解法等。但是,这些方法有的需要较高的制备成本,有的需要复杂的工艺。因此,开发一种简便,低成本的制备工艺来制备晶须增韧玻璃涂层是非常有必要的。

　　作为一种重要的无机材料,莫来石晶须具有高强度、高模量、高长径比以及良好的热物理性能和抗氧化性能,而且莫来石与 SiC 和硅酸盐玻璃都具有良好的物理化学相容性。因此,莫来石晶须非常适合作为硅酸盐玻璃涂层的增韧材料。另外,熔盐法作为一种简便,低温的无机材料合成方法,能成功制备多种晶须材料。莫来石合成原料中的 $SiO_2$ 可由 SiC 内涂层部分氧化得到,$Al_2O_3$ 可由硫酸铝熔盐分解得到,这样就可采用熔盐法在碳 SiC 内涂层表面直接原位生成莫来石晶须,然后通过热浸渍法将硅酸盐玻璃引入,最终制备出原位莫来石晶须增韧硅酸盐玻璃涂层。

　　本章主要开发了一种原位制备晶须增韧涂层工艺,研究了熔盐反应时间对所制备莫来石晶须层的组成、形貌等的影响,并对最佳工艺所制备莫来石晶须增韧玻璃涂层的晶相组成、显微结构、界面结合强度及抗热震性能进行研究。

### 7.1.1 实验试剂及仪器

（1）实验试剂。

本实验所用化学试剂见表 7－1。

**表 7－1　实验用试剂列表**

| 名　称 | 化学式 | 纯度等级 | 生产厂商 |
|---|---|---|---|
| 硫酸铝 | $Al_2(SO_4)_3 \cdot 18H_2O$ | AR | 国药集团 |
| 硫酸钠 | $Na_2SO_4$ | AR | 国药集团 |
| 玻璃粉 | | | 自制 |
| 氧化硅 | $SiO_2$ | AR | 国药集团 |
| 碳化硅 | $SiC$ | AR | 国药集团 |
| 硝酸钇 | $Y(NO_3)_3 \cdot 6H_2O$ | AR | 国药集团 |
| 正硅酸四乙酯 | $Si(OC_2H_5)_4$ | AR | 国药集团 |
| 钼酸钠 | $Na_2MoO_4 \cdot 2H_2O$ | AR | 国药集团 |
| 无水乙醇 | $CH_3CH_2OH$ | AR | 国药集团 |
| 浓硝酸 | $HNO_3$ | AR | 国药集团 |

（2）实验仪器。

本实验所用实验仪器见表 7－2。

**表 7－2　实验仪器列表**

| 名　称 | 型　号 | 生产厂商 |
|---|---|---|
| 万分之一电子天平 | AL 204 | 梅特勒-托利多仪器(上海)有限公司 |
| 电热鼓风干燥箱 | DHG－9145A | 上海一恒科学仪器有限公司 |
| 均相反应器 | KLJX－8A | 烟台科力化工设备有限公司 |
| 恒温磁力搅拌器 | CHI－660E | 上海辰华仪器有限公司 |
| 硅碳棒炉 | KSL－1500X | 合肥科晶材料科技有限公司 |
| 数控超声波清洗器 | KQ－500DE | 昆山市超声仪器有限公司 |

**续表**

| | | |
|---|---|---|
| 真空管式炉 | 合肥科晶材料科技有限公司 | GXL - 1600X |
| 高温炉 | Nober therm | P 310 |
| 金相试样切割机 | 上海金相机械设备有限公司 | SYJ - 160 |
| 水热釜 | 自行设计改装 | 270 mL |
| 金相试样预磨机 | 上海金相机械设备有限公司 | YM - 2A |
| 脉冲直流稳压稳流开关电源 | 扬州双鸿电子有限公司 | WWL - PD |
| 行星式球磨机 | 南京大学仪器厂 | QM - 3SP4 |

### 7.1.2 莫来石晶须增韧硅酸盐玻璃涂层的制备

（1）莫来石晶须的制备。

无水硫酸钠与硫酸铝以质量比 9∶10 的比例取样,研磨混合均匀得到混合复盐 A。分别取纳米 SiC、微米 SiC 以及 $SiO_2$ 与同质量的混合粉料 A 进行混合,研磨均匀后,分别记为 B,C,D。将 B,C,D 混合粉料分别装至相同的三个刚玉坩埚中,在 900℃的马弗炉中热处理 2 h,得到产物。将所得产物用热水洗 3 次。最后在 60℃的烘箱中干燥 2 h,即可得到最终产物。工艺流程图如图 7 - 1 所示。

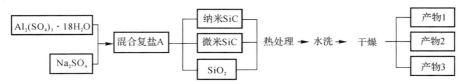

图 7 - 1　熔盐法制备莫来石晶须工艺流程图

（2）莫来石晶须增韧硅酸盐玻璃涂层的制备。

按质量比为 9∶10 的比例分别称取分析纯的 $Al_2(SO_4)_3 \cdot 18H_2O$ 和 $Na_2SO_4$ 于研钵中,充分研磨 30 min 至混合均匀,得二者的混合复盐 A。将带有 SiC 涂层的 C/C 复合材料试样（SiC - C/C）置于乙醇中进行超声清洗,然后取出试样于 60℃下烘干,称量 SiC - C/C 试样质量,以质量比为 1∶19 的比例称取上述复盐 A 于刚玉坩埚中,并将 SiC - C/C 试样包埋于复盐中。将包埋了 SiC - C/C 试样的坩埚置于马弗炉中于 900℃反应 60 min。待反应完毕随炉冷却到室温后,取出;在 100℃的沸水中进行水洗,直至洗净未反应的熔盐,然后将试样在 60℃的烘箱中干燥 3 h 得到带有莫来石晶须层的试样（莫来石/SiC – C/C）。

　　将自制玻璃粉与自制莫来石晶须组成的混合粉料（莫来石晶须的质量分数为 15%，玻璃粉的质量分数为 85%）分散于 20 mL 蒸馏水与硅溶胶以 3∶1 的比例组合而成的混合溶液中配制成混合粉料浓度为 200 g/L 的悬浮液 $B_1$，将悬浮液 $B_1$ 超声震荡 30 min，然后在磁力搅拌器上搅拌 1 h，得悬浮液 $B_2$。

　　将莫来石/SiC – C/C 试样在马弗炉中于 250℃进行预热，预热时间 10 min。将预热后的试样从马弗炉中取出即刻浸泡于悬浮液 $B_2$ 中 1 min 进行热浸渍。取出热浸渍后的试样于乙醇中超声清洗，并在 60℃下干燥 5 min。重复浸渍干燥 20 次，即得莫来石晶须增韧硅酸盐玻璃抗氧化外涂层。

　　将所得的莫来石晶须增韧硅酸盐玻璃抗氧化外涂层试样在高温气氛炉中在氩气保护下于 1 400℃处理 2 h，升温速率 10℃/min，之后随炉冷却，即得致密化莫来石晶须增韧硅酸盐玻璃抗氧化外涂层试样。工艺流程图如图 7–2 所示。

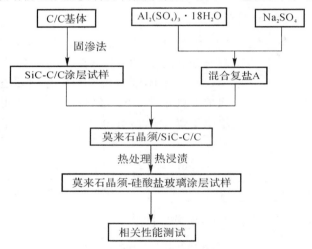

图 7–2　熔盐法结合热浸渍法制备莫来石晶须增韧硅酸盐玻璃涂层工艺流程图

### 7.1.3　莫来石晶须增韧硅酸盐玻璃涂层试样的表征及性能测试

（1）涂层物相组成测试过程。

　　试样的晶相组成采用日本理学 Rigaku 公司的 D/MAX – 2200PC 型 X 射线衍射仪进行测定。测试条件：Cu 靶，Kα 射线（$\lambda=0.154\ 18$ nm），管电压 40 kV，管电流 40 mA，扫描角度 10°～70°，扫描速率 8°/min。

(2)涂层显微结构及能谱成分分析。

所制备涂层试样的表面和横断面形貌通过日本株式会社生产的 JSM - 6390A 型 SEM 进行观察(加速电压为 30 kV,工作距离为 11 mm,最高放大倍数 30 000),试样所含元素及分布利用其带有的能谱仪进行分析。

(3)涂层试样的结合强度测定。

采用涂层附着力自动划痕仪(WS - 2005)测试涂层试样的结合强度。测试条件:标准压头为金刚石、锥角 120°、尖端半径 $R = 0.2$ mm,划痕长度为 5 mm,加载范围为 0~20 N。

(4)涂层热震性能测试。

将涂层试样置于特定温度的高温炉中进行氧化性能测试,测试前测得试样的初始质量 $m_0$,氧化一定时间后的质量记为 $m_t$。试样质量损失百分比的计算公式为

$$\Delta W = \frac{m_0 - m_t}{m_0} \times 100\% \tag{7-1}$$

## 7.2 熔盐法制备莫来石晶须的研究

(1)不同硅源制备莫来石晶须的 XRD 分析。

图 7-3 所示是以不同硅源为原料,采用熔盐法所制备的莫来石晶须的 XRD 图谱。由图可知,用不同硅源均能制备出纯相的莫来石,这说明熔盐法是制备莫来石晶须的有效方法。从图中可以看出,三种硅源制备的莫来石晶须 XRD 衍射峰强度依次增强。以 $SiO_2$ 为硅源制备的莫来石的衍射峰强度最高,其结晶性最好。

(2)不同硅源制备莫来石晶须的形貌分析。

图 7-4 所示是不同硅源制备的莫来石晶须的 SEM 照片。由图可知,由 $SiO_2$ 作为硅源制备的莫来石晶须长径比最大,大体为长型针状形貌;微米 SiC 作为硅源制备的莫来石晶须长径比适中,纳米 SiC 作为硅源制备的莫来石晶须长径比最小,呈短粗棒状。由此可知,在采用熔盐法制备莫来石晶须时,原料的选择对于所制备的莫来石晶须的长径比有较大影响。在后期制备莫来石晶须增韧玻璃涂层时,在原位制备莫来石晶须层的基础上,加入由 $SiO_2$ 作为硅源制备的莫来石晶须,从而得到既有原位莫来石晶须自增韧,又有外加晶须

协同增韧的硅酸盐玻璃涂层。

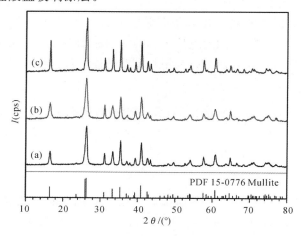

图 7－3　不同硅源制备莫来石晶须的 XRD 图
(a)硅源为纳米 SiC；(b)硅源为微米 SiC；(c)硅源为 SiO₂

图 7－4　不同硅源制备莫来石晶须的 SEM 照片
(a)硅源为 SiO₂；(b)硅源为微米 SiC；(c)硅源为纳米 SiC

## 7.3 熔盐法结合热浸渍法制备莫来石晶须增韧硅酸盐玻璃涂层的研究

(1)熔盐法结合热浸渍法制备外涂层工艺流程。

图7-5所示为莫来石晶须增韧硅酸盐玻璃涂层的制备示意图。多孔莫来石晶须层制备过程如下:首先,温度达到低共晶点(646℃),$Al_2(SO_4)_3 - Na_2SO_4$液体混合盐形成。随后,当温度上升到700℃时,$Al_2(SO_4)_3$开始分解为$SO_3$和$\gamma - Al_2O_3$,见下式。

$$Al_2(SO_4)_3(s) \rightarrow \gamma - Al_2O_3(s) + 3SO_3(g) \qquad (7-2)$$

接着,SiC内涂层的表面被$Al_2(SO_4)_3$分解产生的$SO_3$氧化,反应生成$SiO_2$覆盖在SiC内涂层的表面,见下式。

$$SiC(s) + 4SO_3(g) \rightarrow SiO_2(s) + 4SO_2(g) + CO_2(g) \qquad (7-3)$$

随着温度升高到900℃,越来越多的$Al_2(SO_4)_3$分解为$\gamma - Al_2O_3$。同时,$\gamma - Al_2O_3$和$SiO_2$发生均匀成核反应,见下式。

$$2SiO_2(s) + 3Al_2O_3(s) \rightarrow 3Al_2O_3 \cdot 2SiO_2(s) \qquad (7-4)$$

随着反应时间的增加,越来越多的SiC涂层被$SO_3$氧化,$\gamma - Al_2O_3$和$SiO_2$不断反应生成莫来石。因此,莫来石晶须层可以在SiC涂层的表面上原位合成。在制备多孔莫来石晶须层后,采用热浸渍法在多孔莫来石晶须层表面制备了一层外加莫来石晶须增韧硅酸盐玻璃层,随后在氩气气氛下对试样进行热处理,硅酸盐玻璃封填多孔莫来石晶须层,从而形成致密的莫来石晶须增韧硅酸盐玻璃层。

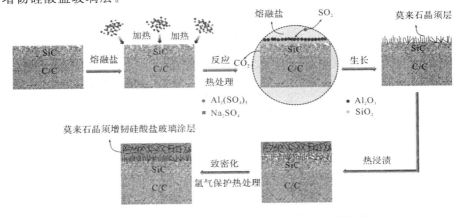

图7-5 熔盐法结合热浸渍法制备外涂层工艺流程

（2）不同熔盐时间制备莫来石晶须层的 XRD 分析。

图 7-6 所示是不同熔盐时间下在 SiC 内涂层表面原位制备莫来石晶须层的 XRD 图谱。由图可知,未经过熔盐处理的试样,只有 SiC 的衍射峰。当对试样进行 0.5 h 的熔盐热处理后,XRD 图谱中开始出现莫来石的衍射峰。随着熔盐时间的延长,对应的莫来石衍射峰强度越来越强,结晶性不断增加。与此同时,伴随着莫来石晶须衍射峰的增强,SiC 衍射峰逐渐减弱,这是由于部分 SiC 涂层被氧化生成莫来石晶须层。这表明熔盐法可以成功地在 SiC 涂层上原位制备出莫来石晶须层。此外,莫来石的衍射峰强度较 SiC 较低,这说明熔盐法在 SiC 表面制备莫来石涂层对 SiC 涂层的腐蚀较弱,这与我们的初步设计一致,这样既保证 SiC 内涂层仍具有一定的抗氧化能力,同时又在其表面原位生成莫来石晶须层,从而改善内外涂层的结合。

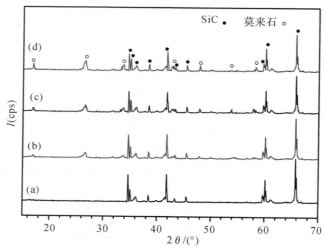

图 7-6  不同熔盐时间制备莫来石晶须层的 XRD 图谱
(a)未熔盐处理;(b)熔盐时间 0.5 h;(c)熔盐时间 1 h;(d)熔盐时间 2 h

（3）不同熔盐时间制备莫来石晶须层的 SEM 分析。

图 7-7 所示为不同熔盐时间下制备出莫来石晶须层的表面 SEM 照片。从图中可以看出,不同熔盐处理时间,能制备出不同形貌的莫来石涂层。随着熔盐时间的增加,莫来石涂层的形貌变化较大。图 7-7(a)为未经过熔盐处理的试样,可以看出 SiC 内涂层表面为多孔结构。由图 7-7(b)可以看出,经过 0.5 h 的熔盐处理后,SiC 内涂层表面开始出现莫来石晶须,莫来石晶须较疏松,整体呈现多孔结构。图 7-7(c)为熔盐时间 1 h 的涂层试样,可以看到

表面的晶须数目较多,分布很均匀,呈交错分布,晶须的直径在 100～200 nm,长度为 4～6 $\mu$m。另外,这些晶须自组装成束状,然后又相互交织成三维的多孔网状结构。这种多孔网状结构通过后续玻璃层的浸渍以及热处理来填充,这对提高内外涂层结合力有很大作用。图 7-7(d)为熔盐时间 2 h 的涂层试样,涂层的形貌有了较大的变化,呈现片状花簇状形貌。

图 7-7 不同熔盐时间制备莫来石晶须层的表面 SEM 图谱
(a)未熔盐处理;(b)熔盐时间 0.5 h;(c)熔盐时间 1 h;(d)熔盐时间 2 h

图 7-8 所示为不同熔盐时间制备莫来石晶须层的断面 SEM 图谱。由图可以看出,随着熔盐次数的增加,对此未经过熔盐处理的样品断面上可以明显看到 SiC 涂层。熔盐时间为 0.5 h 的样品,可以看到表层生长出了厚度约为 10 $\mu$m 的莫来石晶须层,明显能看到晶须较为稀松;熔盐时间为 1 h 的样品,可以看到一层厚度约为 20 $\mu$m 的莫来石晶须层,均匀地分布在 SiC 内涂层表面;熔盐时间为 2 h 样品,可以看到其表面晶须层厚度在 30～40 $\mu$m 之间且呈现片状结构。通过以上分析,我们选择熔盐时间为 1 h 的试样来作为研究对象,在其表面通过后续的热浸渍及热处理来制备莫来石晶须增韧硅酸盐玻璃层,进而与未做熔盐处理和未加莫来石晶须的试样进行对比。

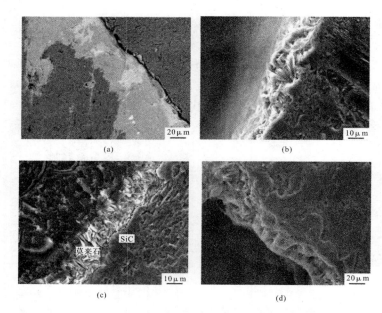

图 7-8  不同熔盐时间制备莫来石晶须层的断面 SEM 照片
(a)未熔盐处理;(b)熔盐时间 0.5 h;(c)熔盐时间 1 h;(d)熔盐时间 2 h

(4)所制备硅酸盐玻璃涂层及莫来石晶须增韧硅酸盐玻璃涂层的 XRD 分析。

图 7-9(b)所示为莫来石晶须增韧硅酸盐玻璃涂层的表面 XRD 图谱。由图可看出。该涂层的物相主要是莫来石和 $SiO_2$。可喜的是,涂层中没有发现 SiC 的衍射峰,这说明我们成功制备出了具有一定厚度的致密的莫来石晶须增韧的硅酸盐玻璃涂层。由图中(a)可看出,单一的硅酸盐玻璃层只有 $SiO_2$ 这一物相。而且,$SiO_2$ 的衍射峰强度低于莫来石晶须增韧的硅酸盐玻璃涂层的强度,表明莫来石晶须增韧硅酸盐玻璃涂层是有助于增加涂层的致密性,并可能提高玻璃涂层的结晶性。

(5)所制备硅酸盐玻璃涂层及莫来石晶须增韧硅酸盐玻璃涂层的 SEM 分析。

图 7-10(a)所示为硅酸盐玻璃涂层的表面 SEM 图。由图可以看出,未经熔盐处理过的涂层表面粗糙而且不很均匀,而且涂层表面有微裂纹。微裂纹的出现可能是由于硅酸盐玻璃固有的脆性以及其与 SiC 内涂层表面的润湿性较差,从而会在热处理温度到室温的冷却过程中产生微裂纹。由图 7-10

(b)可知,当制备了莫来石晶须层以及外加莫来石晶须后,涂层表面致密,均匀,并且没有微裂纹出现,这说明莫来石晶须层的制备一方面提高了内外涂层的润湿性,另一方面改善了玻璃涂层的脆性。

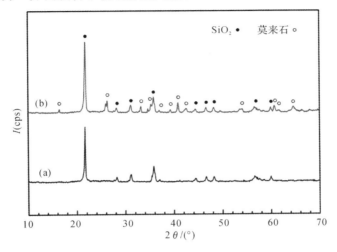

图 7 - 9 所制备两种涂层的 XRD 图谱
(a)硅酸盐玻璃涂层试样的 XRD 图谱;
(b)莫来石晶须增韧硅酸盐玻璃涂层试样的 XRD 图谱

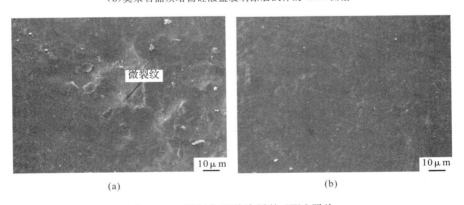

图 7 - 10 所制备两种涂层的 SEM 照片
(a)硅酸盐玻璃涂层试样的表面 SEM 照片;
(b)莫来石晶须增韧硅酸盐玻璃涂层试样的表面 SEM 照片

图 7 - 11 所示为涂层试样的断面 SEM 照片。对于硅酸盐玻璃涂层试样,由图7 - 11(a)中明显可看到内外涂层之间存在微裂纹,说明内外涂层之间的结合力较弱。当制备了莫来石晶须层以及外加莫来石晶须后(见图 7 - 11

(b)),内外涂层之间的微裂纹消失,并且涂层结构致密。这主要是由于莫来石晶须层的制备,改善了内外涂层的结合,涂层试样以期会有好的抗热震性能。

图 7-12 所示为莫来石晶须增韧硅酸盐玻璃涂层断面 EDS 元素线扫描分析图。EDS 线扫描分析表明,多层涂层可分为四个区域 A,B,C,D,分别对应 C/C 复合材料基体、SiC 内涂层、莫来石晶须过渡层和莫来石晶须增韧硅酸盐玻璃外涂层。此外,我们发现,涂层之间没有明显的界面,表明硅酸盐玻璃可以很好地渗透到莫来石晶须层,一方面填充多孔的莫来石晶须层,另一方面整体形成致密的莫来石晶须增韧硅酸盐玻璃外涂层,并且内外涂层紧密的黏结在一起。

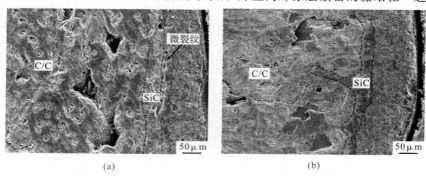

(a)                                    (b)

图 7-11 所制备两种涂层的试样断面 SEM 照片
(a)硅酸盐玻璃涂层试样的断面 SEM 照片;
(b)莫来石晶须增韧硅酸盐玻璃涂层试样的断面 SEM 照片

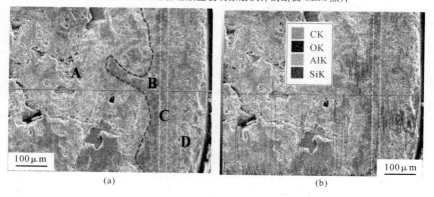

(a)                                    (b)

图 7-12 莫来石晶须增韧硅酸盐玻璃涂层断面 EDS 元素线扫描分析图
(a)断面形貌;(b)DES 线扫描图谱

（6）涂层试样的划痕测试分析。

图 7-13 所示为涂层试样的负载-声发射曲线。声发射的第一个信号表示涂层的附着力。由图可知,莫来石晶须层附着力为 9.2 N（见图 7-13(a)），表明采用熔盐法所制备的莫来石晶须层与 SiC 内涂层具有良好的黏结强度,这可能是由于莫来石晶须层与 SiC 内涂层之间为化学键结合。对于硅酸盐玻璃涂层试样,其涂层附着力仅为 5.7 N（见图 7-13(b)），可以看出黏结强度相对较弱。当制备了莫来石晶须层以及外加莫来石晶须后,所制备莫来石晶须增韧硅酸盐玻璃涂层试样的附着力提高到 7.2 N（见图 7-13(c)），这表明莫来石晶须层和莫来石晶须的引入可以改善涂层的界面结合,明显提高涂层的黏结强度。在经过 100 次热循环后,涂层的附着力降低至 1.5 N（见图 7-13(d)），这意味着涂层的失效。

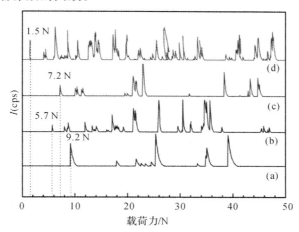

图 7-13　涂层试样的负载-声发射曲线

(a)原位制备莫来石晶须层试样;(b)硅酸盐玻璃涂层试样;

(c)莫来石晶须增韧硅酸盐玻璃涂层试样;(d)热震 100 次后涂层试样

（7）所制备涂层的抗热震性能分析。

图 7-14 所示为所制备涂层试样在 1 300 ℃ 和室温之间热震测试的质量损失曲线。对于单一的硅酸盐玻璃涂层试样,随着热循环次数的增加,涂层试样的质量损失随着热震次数的增加而急剧增加,这表明所制备的硅酸盐玻璃涂层抗热震性能较差。经过 50 次热循环后,硅酸盐玻璃涂层试样的质量损失已达 3.62%。当制备了莫来石晶须层以及外加莫来石晶须后,涂层试样的失重曲线的斜率变小。经过 100 次热循环后,涂层试样的质量损失率仅为 2.21%。这说

明莫来石晶须层以及外加莫来石晶须能有效提高所制备涂层的抗热震性能。

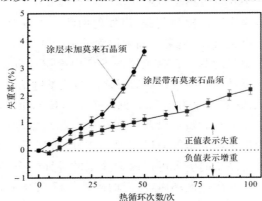

图 7-14　涂层试样在 1 300℃和室温之间热震测试的质量损失曲线

　　图 7-15 所示为涂层试样在 1 300℃和室温之间热循环 50 次后的表面 SEM 照片。从图 7-15(a)右上角可以看出,硅酸盐玻璃层表面比较粗糙,而且玻璃层不均匀。从图 7-15(a)涂层表面上存在较大的裂纹和较多的孔洞,裂纹最大尺寸为 4 μm(见图 7-15(b))。这是在热震测试过程中,由于玻璃涂层固有的脆性,在经过快速加热和冷却后,会在涂层表面形成一些微裂纹。此外,每个热循环的过程中氧化时间是非常短的(10 min),因此硅酸盐玻璃不足以愈合大尺寸的裂纹。随着热循环次数的增加,裂纹变大。最终,这些裂纹穿透涂层,并延伸到 C/C 基体,这为氧气扩散到 C/C 基体提供了路径。相比之下,从图 7-15(c)右上角可看出,莫来石晶须增韧硅酸盐玻璃涂层表面依旧平整均匀。涂层表面的微裂纹尺寸很小(见图 7-15(c)),裂纹最大尺寸为 1.5 μm(见图 7-15(d))。这说明熔盐法原位制备的莫来石晶须层和在外涂层中加入的莫来石晶须能显著提高硅酸盐玻璃涂层的韧性并减少了微裂纹的尺寸,从而提高涂层的抗热震性能。

　　图 7-16 所示为在抗热震过程中与涂层抗热震性能提高相关的一些增韧机理的 SEM 照片。图 7-16(a)体现了晶须在裂纹两端桥接的特征。当裂纹扩展方向垂直于莫来石晶须时,莫来石晶须会阻碍微裂纹扩的扩展。这个阻碍作用主要以两种方式进行:一个是桥接的莫来石晶须能在裂纹两侧产生压应力同时减轻在裂纹尖端的应力集中;另一个是当应力较大时,桥接处的莫来石晶须会自己断裂,从而消耗更多的能量(见图 7-16(b))。使裂纹尖端的应力得到松弛。图 7-16(c)展示的是裂纹偏转特征,当裂纹遇到莫来石晶须

时,传播路径会呈现 Z 形。它将延长裂纹的扩展路径,消耗较多能量,从而提高涂层的韧性。图 7-16(d)为晶须拔出特征,晶须的拔出需要消耗大量的能量,从而提高涂层的韧性。此外,这些晶须的方向垂直于断口的表面,这有利于提高复合涂层中莫来石晶须的增韧效果。

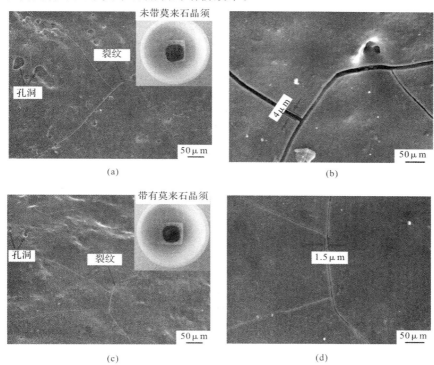

图 7-15　涂层试样在 1 300℃ 和室温之间热循环 50 次后的表面 SEM 照片

(a)硅酸盐玻璃涂层(右上角为其宏观照片);(b)(a)的局部放大图;

(c)莫来石晶须增韧硅酸盐玻璃涂层(右上角为其宏观照片);(d)(c)的局部放大图

　　图 7-17 所示为莫来石晶须增韧硅酸盐玻璃涂层试样经过从 1 300℃ 和室温之间不同次数的热循环后的 SEM 图。如图所示,经过室温到 1 300℃ 热循环 25 次后,在涂层表面形成致密的玻璃层(见图 7-17(a))。虽然涂层表面存在一些微裂纹,但这些裂纹的尺寸还很小,当加热到 1 300℃ 后,涂层表面的微裂纹可以迅速被愈合,并不会导致 C/C 基体的氧化。由图 7-17(b)可看出,SiC 涂层与莫来石晶须增韧的硅酸盐玻璃外涂层之间没有明显的界面。根据如下反应:

$$SiC(s) + O_2(g) \rightarrow SiO(g) + CO(g) \qquad (7-5)$$

$$SiC(s)+2O_2(g) \rightarrow SiO_2(s)+CO_2(g) \qquad (7-6)$$

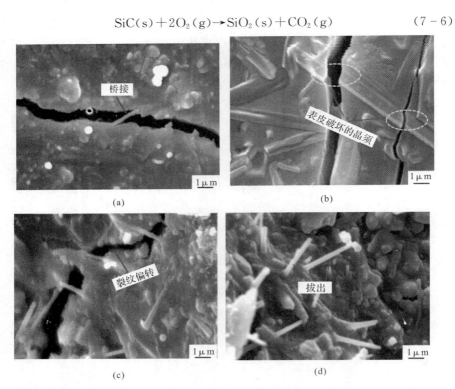

图 7 - 16　热震测试后莫来石晶须增韧硅酸盐玻璃涂层的 SEM 照片

(a)晶须桥联;(b)桥接处晶须断裂;(c)裂纹偏转;(d)晶须拔出

　　它主要是由于氧气通过外涂层扩散到碳化硅和外涂层的界面,这将导致碳化硅内层的氧化,从而在界面处产生 $SiO_2$。结果,在初始热震测试期,随着热震次数的增加,内部和外部涂层之间的界面将逐渐消失,从而形成良好的界面结合。随着热循环次数的增加到 100 次,涂层表面出现较多的气孔及较大的裂纹(见图 7 - 17(c)),这可能是由于氧通过硅酸盐玻璃层扩散与 C/C 基体反应:

$$2C(s)+O_2(g) \rightarrow 2CO(g) \qquad (7-7)$$

$$C(s)+O_2(g) \rightarrow CO_2(g) \qquad (7-8)$$

　　随着热循环次数的增加,过量的气体压力会导致 $CO_2$ 从表面玻璃层的孔中逸出。同时,由于硅酸盐玻璃固有的脆性,玻璃层表面出现较大的裂纹。从图 7 - 17(d)可以看出,涂层的厚度减小,这可能是由于玻璃层在热震测试过程中的挥发导致的。因此,在热震过程中,气体的逸出,涂层表面裂纹的产生以及玻璃层的挥发共同造成了涂层试样的失效。

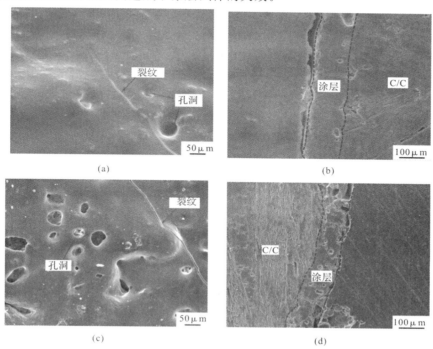

图 7 - 17  莫来石晶须增韧硅酸盐玻璃涂层样品在 1300℃ 和室温不同次数之间的
热循环后的 SEM 图
(a)25 次涂层试样的表面;(b)25 次涂层 C/C 试样断面;
(c)100 次涂层试样的表面;(d)100 次涂层 C/C 试样断面

## 7.4  本 章 小 结

1)采用熔盐法以不同的硅源为原料,均可制备出莫来石晶须。当采用 $SiO_2$ 为硅源时,所制备的莫来石晶须结晶性最好,长径比最大。

2)采用熔盐法结合热浸渍法成功制备出莫来石晶须增韧硅酸盐玻璃涂层。莫来石晶须层可以有效提高内外涂层的结合力。原位莫来石晶须层以及外加的莫来石晶须能有效减小涂层中裂纹的尺寸。所制备的涂层具有良好的抗热震性能,经过从室温到 1 300℃ 的 100 次热循环后,失重率仅有 2.21%。

# 参 考 文 献

[1] DONG Z J, LIU S X, Li X K, et al. Influence of infiltration temperature on the microstructure and oxidation behavior of SiC – ZrC ceramic coating on C/C composites prepared by reactive melt infiltration [J]. Ceramics International, 2015, 41(1): 797 – 811.

[2] REN X R, LI H J, CHU Y H, et al. Preparation of oxidation protective $ZrB_2$ – SiC coating by in – situ reaction method on SiC – coated carbon/carbon composites[J]. Surface and Coatings Technology, 2014, 247: 61 – 67.

[3] SHAN Y C, FU Q G, WEN S Q, et al. Improvement in thermal fatigue behavior of Si – Mo – Cr coated C/C composites through modification of the C/C – coating interface[J]. Surface and Coatings Technology, 2014, 258: 114 – 120.

[4] WU H, L I H J, MA C, et al. $MoSi_2$ – based oxidation protective coatings for SiC – coated carbon/carbon composites prepared by supersonic plasma spraying [J]. Journal of the European Ceramic Society, 2010, 30(15): 3267 – 3270.

[5] ZOU B L, HUI Y, HUANG W Z, et al. Oxidation protection of carbon/carbon composites with a plasma – sprayed $ZrB_2$ – SiC – Si/$Yb_2SiO_5$/$LaMgAl_{11}O_{19}$ coating during thermal cycling[J]. Journal of the European Ceramic Society, 2015, 35(7): 2017 – 2025.

[6] WANG K T, CAO L Y, HUANG J F, et al. Microstructure and oxidation resistance of C – $AlPO_4$ – mullite coating prepared by hydrothermal electrophoretic deposition for SiC – C/C composites[J]. Ceramics International, 2013, 39(2): 1037 – 1044.

[7] HAO W, HUANG J F, CAO L Y, et al. Oxidation protective $AlPO_4$ coating for SiC coated carbon/carbon composites for application at 1 773 K and 1 873 K[J]. Journal of Alloys and Compounds, 2014, 589: 153 – 156.

[8] FU Q G, LI H J, SHI X H, et al. Double – layer oxidation protective SiC/glass coatings for carbon/carbon composites [J]. Surface and

Coatings Technology, 2006, 200(11): 3473 – 3477.

[9] HUANG J F, ZHANG Y L, ZHU K J, et al. Microstructure and oxidation protection of borosilicate glass coating prepared by pulse arc discharge deposition for C/C composites[J]. Ceramics International, 2015, 41(3): 4662 – 4667.

[10] SMEACETTO F, FERRARIS M, SALVO M. Multilayer coating with self – sealing properties for carbon – carbon composites[J]. Carbon, 2003, 41(11): 2105 – 2111.

[11] FU Q G, LI H J, LI K Z, et al. SiC whisker – toughened MoSi$_2$ – SiC – Si coating to protect carbon/carbon composites against oxidation[J]. Carbon, 2006, 44(9): 1866 – 1869.

[12] WEN Z L, XIAO P, LI Z, et al. Thermal cycling behavior and oxidation resistance of SiC whisker – toughened – mullite/SiC coated carbon/carbon composites in burner rig tests[J]. Corrosion Science, 2016, 106: 179 – 187.

[13] CHU Y H, LI H J, FU Q G, et al. Oxidation protection of C/C composites with a multilayer coating of SiC and Si + SiC + SiC nanowires[J]. Carbon, 2012, 50(3): 1280 – 1288.

[14] ZHANG Y L, REN J C, TIAN S, et al. HfC nanowire – toughened TaSi$_2$ – TaC – SiC – Si multiphase coating for C/C composites against oxidation[J]. Corrosion Science, 2015, 90: 554 – 561.

[15] CHU Y H, LI H J, LUO H J, et al. Oxidation protection of carbon/carbon composites by a novel SiC nanoribbon – reinforced SiC – Si ceramic coating[J]. Corrosion Science, 2015, 92: 272 – 279.

[16] ZHENG G B, MIZUKI H, SANO H, et al. CNT – PyC – SiC/SiC double – layer oxidation – protection coating on C/C composite[J]. Carbon, 2008, 46(13): 1808 – 1811.

[17] FU Q G, ZHUANG L, LI H J, et al. Effect of carbon nanotubes on the toughness, bonding strength and thermal shock resistance of SiC coating for C/C – ZrC – SiC composites[J]. Journal of Alloys and Compounds, 2015, 645: 206 – 212.

[18] LI H J, FU Q G, SHI X H, et al. SiC whisker – toughened SiC oxidation protective coating for carbon/carbon composites[J].

Carbon，2006，44(3)：602－605.

[19] REN J C，ZHANG Y L，LI J H，et al. Effects of deposition temperature and time on HfC nanowires synthesized by CVD on SiC－coated C/C composites ［J］. Ceramics International，2016，42（5）：5623－5628.

[20] ZHUANG L，FU Q G，LIU T Y，et al. In－situ PIP－SiC NWs－toughened SiC－CrSi$_2$－Cr$_3$C$_2$－MoSi$_2$－Mo$_2$C coating for oxidation protection of carbon/carbon composites［J］. Journal of Alloys and Compounds，2016，675：348－354.

[21] WANG W，ZHOU C J，LIU G W，et al. Molten salt synthesis of mullite whiskers on the surface of SiC ceramics［J］. Journal of Alloys and Compounds，2014，582：96－100.

[22] WANG W，LI H W，LAI K R，et al. Preparation and characterization of mullite whiskers from silica fume by using a low temperature molten salt method ［J］. Journal of Alloys and Compounds，2012，510(1)：92－96.

[23] HUANG Z，LI F L，JIAO C P，et al. Molten salt synthesis of La$_2$Zr$_2$O$_7$ ultrafine powders［J］. Ceramics International，2016，42(5)：6221－6227.

[24] ZHANG P Y，LIU J C，DU H Y，et al. Influence of silica sources on morphology of mullite whiskers in Na$_2$SO$_4$ flux［J］. Journal of Alloys and Compounds，2009，484(1－2)：580－584.

[25] EVANS A G，MCMEEKING R M. On the toughening of ceramics by strong reinforcements ［ J ］. Acta Metallurgica，1986，34(12)：2435－2441.

[26] CHU Y H，LI H J，FU Q G，et al. Oxidation protection of SiC－coated C/C composites by SiC nanowire－toughened CrSi$_2$－SiC－Si coating［J］. Corrosion Science，2012，55：394－400.

[27] LEE D，YOON D. Properties of alumina matrix composites reinforced with SiC whisker and carbon nanotubes［J］. Ceramics International，2014，40(9)：14375－14383.